做 一个
不将就的 女子

若思
编著

德宏民族出版社

图书在版编目（CIP）数据

做一个不将就的女子 / 若思编著． -- 芒市：德宏民族出版社，2020.6
ISBN 978-7-5558-0765-0

Ⅰ．①做… Ⅱ．①若… Ⅲ．①女性－修养－通俗读物 Ⅳ．① B825-49

中国版本图书馆 CIP 数据核字 (2020) 第 077236 号

书　　名	做一个不将就的女子		
作　　者	若　思　编著		
出版·发行	德宏民族出版社	责任编辑	思铭章
社　　址	云南省德宏州芒市勇罕街1号	责任校对	朱秋莹
邮　　编	678400	封面设计	U+Na 工作室
总编室电话	0692-2124877	发行部电话	0692-2112886
汉文编室	0692-2111881	民文编室	0692-2113131
电子邮箱	dmpress@163.com	网　　址	www.dmpress.cn
印 刷 厂	永清县晔盛亚胶印有限公司		
开　　本	145mm×210mm　1/32	版　　次	2020年6月第1版
印　　张	7	印　　次	2020年6月第1次
字　　数	151 千字	印　　数	1-10000 册
书　　号	ISBN 978-7-5558-0765-0	定　　价	38.00元

如出现印刷、装订错误，请与承印厂联系调换事宜。印刷厂联系电话：13683640646

前　言

　　曾看到过这样一段话：有的女人一直觉得妥协一些、将就一些、容忍一些，就可以得到幸福。

　　但到后来，她们却发现，自己的底线放得越低，得到的结果也就越低。生活就是这样，一旦我们开始将就，习惯了将就，就不得不一直将就下去。

　　而聪明的女人从一开始，就会选择不将就，因为她们知道，人生需要自己把控，活好自己，过好自己，才是一个女人最该持有的态度。

　　人活一世真的很不容易，女人更不容易，为了生活，需要付出许多。父母需要照顾，孩子需要培养，一堆的家务不做不行，工作不出色有可能被淘汰，复杂的人际关系也很麻烦……

　　为了追求成功，为了追逐名利，为了使家人过上更加美

好的生活，许多女人勇往直前，就连吃饭，也是匆匆不知其味地胡乱填饱了肚子。结果却是心力交瘁，心累体衰，没有给自己留任何时间去品味生活的美好与芬芳，最终可能会留下生命的遗憾……

　　有一句很经典的话：爬山的时候，别忘了欣赏周围的风景。工作和生活也是如此，相信每一位女性努力工作的目的都是为了更好的生活。美好的生活不单单是名利、房车等物质的富有，还有健康的身体、和谐的家庭关系等。如果工作的目的纯粹是为了挣钱，为了挣钱什么也不顾，什么都可以舍弃，那么你就会在"爬山"的路上只顾低头爬山，完全忽略了生活中还有更多悦人的风景。

　　决定我们成为什么人的，不是我们的能力，而是我们的选择。一个不将就的女人，连灵魂都自带香气。越是对自己不将就的女人，她们的人生会越过越美好，越过越幸福。

　　一个对工作，对爱情，对自己不将就的女人，她们给人的感觉永远是自信满满，走路带风，快意潇洒。她们懂得自己想要的是什么，她们会努力争取，去获得自己想要的生活。

　　本书从有理想、有气质、有主见、有个性、有追求、有底气、有信心七个方面，全面、系统地为女性朋友总结出了各种身心修炼的方法，把如何成为一个不迷茫、不媚俗、不迎合、不依附、不将就的女子的方法毫无保留地告诉大家，力求做到一看就懂、一学就会、一用就灵，相信全天下的女性都能成为一个不将就的女子，在每一段时光荏苒中，都能秉从自己的内心，不凑合，不将就，活出自己的风采与光芒。

目 录

第一章 坚持理想的女子，人生不迷茫

1. 梦想让你更有女人味……………………… 003
2. 做一个信念坚定的女人…………………… 006
3. 自信的女人才是最美丽的………………… 013
4. 乐观的女人多姿多彩……………………… 017
5. 有梦想的女人不迷茫……………………… 021
6. 相信自己一定可以成功…………………… 025
7. 坚韧的女人可以笑到最后………………… 028

第二章 独立有主见，不依附任何人

1. 独立，让女人更幸福……………………… 037

2. 女人要摆脱依赖心理·····················039
3. 女人要有自己的闺中密友·················042
4. 自强的女人是最有魅力的·················046
5. 不要让男人左右了你的独立···············050
6. 夫妻之间要有自己的独立空间·············053
7. 事业是女人独立的基石···················059

第三章 有个性,内心强大到做自己

1. 女人应该保持自己的本色·················065
2. 用个性展示女性的独特魅力···············069
3. 个性,女人的财富·······················072
4. 做一位个性美女·························076
5. 打造你迷人的个性·······················081
6. 喊出自己的声音·························086
7. 活出真我的风采·························088

第四章 对自己好一点,过自己想要的生活

1. 女人,应该为自己而活···················097
2. 一定要有自己的兴趣爱好·················101

3. 找个给自己买礼物的理由·····················105
4. 家务不是女人生活的全部···················108
5. 给自己一场说走就走的旅行·················111
6. 尝试下厨，做几个好菜·····················114
7. 买自己想要的东西·························117
8. 把书籍作为你永恒的情人···················120

第五章 经济实力，是你不将就的底气

1. 经济独立是幸福的前提·····················127
2. 节俭才能积累财富·························133
3. 把握机会，收获财富·······················138
4. 科学理财，女人的明天会更好···············143
5. 不同年龄女人的理财观·····················147
6. 跳出女性理财的误区·······················151

第六章 工作不将就，尽量做到最好

1. 从工作中享受无穷的乐趣···················159
2. 尽量获得老板的青睐·······················164
3. 做一行，爱一行···························171

4. 不要寻找任何借口·····················176

5. 做自己喜欢的工作·····················179

6. 用忠诚赢得信赖·······················182

7. 将敬业进行到底·······················185

第七章 不将就感情，活出自己最好的状态

1. 不要把崇拜当成爱·····················191

2. 找个心爱的男人结婚···················194

3. 如果不爱他就不要接受他···············200

4. 不要一味迁就你的丈夫·················203

5. 让距离为婚姻"保鲜"··················207

6. 走出感情的漩涡·······················212

第一章
坚持理想的女子，人生不迷茫

　　选择不将就的人生，你应该对自己有耐心，要懂得在顺境时一往无前，更要懂得在逆境中迎难而上，而不是随波逐流。有时候有些事情只是还未到时候，如果急不可耐地选择了将就，然后到了该收获的时候，你的篮子却只是一篮没有熟透的果子，那时候弃之可惜，食之无味，你只能眼睁睁地看着自己想要的悄悄溜走。

第一章

主持国际正义
人不犯我

1. 梦想让你更有女人味

说起女人味，许多男人会说那些"上得厅堂，下得厨房"的女人更让男人心仪。这反映了他们的心理取向，她们更钦佩那些带着浓郁女人味的职业女性。职业女性在厨房和办公室之间赛跑，和我们的母亲、祖母辈比起来，她们多了很多权利，也确实多了很多辛苦。但是她们并没有因此丧失身上的女人味道，相反她们身上的女人味却因为梦想而变得更加浓烈和迷人。

失去目标和梦想的女人才会老，一个女人如果有梦想和目标，并时刻为之努力，即便到了40岁、50岁的时候，她看起来也还是年轻的，因为她身上永远闪耀着青春的活力。

目标是我们奋斗的基本标杆，梦想则是标杆的底座，所以目标的最终实现，依靠的就是不懈的努力和坚持。要想实现梦想，就不能只单纯把梦想作为一个"梦"，而应该让梦想变成你人生的目标。如果梦想是需求的理想化，那么目标就是需求的具体化。也就是说，拥有一个梦想是不够的，还需要我们去实现它，让梦想等于目标。

将梦想具体化成目标，会使我们的梦想变得有意义，能激发我们的潜能，让我们实现生命的价值。作为女人，无论我们

现在多大年龄，真正的人生之旅是从设定目标那一天开始的。

梦想对人生有启示作用，目标对人生有导向作用。我们每个人的人生都像一艘船在航行，主要不是在于这艘船航行的快或慢，而是在于船的行驶方向是否明确。目标就是我们行动的方向，是成功不可缺少的一个因素。

要想获得成功，就必须在拥有梦想的同时，让这个梦想成为奋斗的目标。把我们的梦想都记下来，在每个梦想的后面注明要实现的日期，这个要实现梦想的日期就是最后实现目标的时间。

美籍华人靳羽西从小就有很多梦想，她是个好奇心很重的孩子，对什么都感兴趣，什么都想尝试一下。她学过钢琴、绘画、音乐、芭蕾、英文、法文等。她的父亲曾经对她说过这样一句话："你要做第一个进入宇宙空间的人，而不是第二个。没有人会记得第二个人的名字。"这句话对她影响很大，使得她的性格充满了冒险精神，也使得她在后来的人生道路上留下了一个又一个"第一"。

作为第一个被称为"将东西方联系起来"的电视记者，靳羽西当年制作并主持的104集电视系列片《世界各地》使中国人第一次通过电视了解了世界。那是中央电视台的屏幕上首次出现由美国人制作并主持的节目，羽西也因此征服了全中国的观众。明眸皓齿的她成为当时最著名的主持人之一，直到现在，她独特的主持风格仍然被年轻一辈模仿着。《纽约时报》评价靳羽西时这样说道："很少有人能在东西方之间架起桥梁，但靳羽西却能够做到，而且做得优美、聪明、优雅。"

通过做主持而使自己名扬世界，这对一个女人来说已经十分不容易，十分了不起了。但她明白这远远不是自己要到达的终点，她是一个永远都有目标的女人，由主持退隐后的她又开始追寻她的另一个梦想。

这个梦想就是为亚洲女性做化妆品，在外国品牌充斥中国化妆品市场的激烈竞争中，靳羽西柔弱的双肩承受着一般女性难以承受的巨大压力。羽西自己也坦然承认，她的内部压力很大，而且面临着永远的竞争。但她丝毫不怕竞争，她担忧的却是自己做得不够好。所以她一直都在努力做得更好，她把自己当作最大的竞争对手，自我挑战就是她现在的最大挑战。

对羽西来说，事业就像一座直立向上的高峰，她不断地坚持努力向上攀登，付出了比别人更多的汗水和辛劳，这不仅让她赢得了人生的辉煌，也多次被评为最具魅力的女性。而她成功的不仅仅是事业，还有她的为人、她的修养、她的观念，这些都让人们对她佩服有加。一位记者这样描述她眼中的靳羽西："羽西是怎么也看不厌的，她眼梢嘴角的笑容永远让人感受到新鲜和活力，永远让人惊艳。"

作为一个成功的女人，靳羽西已拥有了财富，她说："我一生中最大的投资是我在纽约的6层楼的家，3000平方米花了我近2000万美元，在纽约大概也只有几所房子可与之媲美。房子外表很简单，但进了大门后，你会有惊艳的感觉。内部装潢全部由我设计，我的要求是无论从哪个角度看，房间都是漂亮的、雅致的。每件摆设都是我从世界各地的古董店、文物店和画廊购置的，都有一段故事可讲。"而且她非常享受目前的单身状态，也不缺少朋友，她的唯一愿望就是继续完善她的"美丽王国"进入纽约，再打回东南亚市场，成为国际企业。她说："我的事业巅峰还没到来。"

这是一个因活在目标与梦想中而变得魅力无穷的女人，这种女人在任何时候都是最美丽，最有女人味的。

靳羽西的故事，会使我们对女人味有一个新的认识和理解，小鸟依人的温柔是女人味，而一个女人在不断追逐梦想的道路上所表现出来的坚定、努力、自信和独当一面同样也是女人味，同样也可以使她魅力四射！

在女人的一生中，女人可以选择成为攀附男人躯体仰望天空的藤蔓，也可以选择站在男人身旁作一株挺拔的树，后者更让人尊敬和爱慕。靳羽西属后者，她把梦想当作了翅膀，一次又一次地在蓝天上划出生命的痕迹，她变成了美丽的天使，从此永远不再老去。

2. 做一个信念坚定的女人

每个人在一生中都会遇到这样那样的困难和痛苦，它们既可能来自肉体，也可能潜伏在心灵深处，这时候你也许感到自己已经一无所有，只能等待失败与死亡的来临。成大事者却说其实并不尽然，来临的已成现实，而我们却可以选择，只有在精神上屹立、思想上超脱，才可能从绝境中求得一线生机。一个能够在一切事情与他相背时仍然选择坚强的人，必定是一枚非凡的种子，因为这坚强包含着非同一般的因素，这是普通人无法做到的。

5岁的张海迪被医院确诊为患有脊髓血管瘤之后，父母不忍心看着年幼的孩子就这样倒下去、成为残疾人，他们千辛万苦背着张海迪走南闯北，访遍天下名医。医院里的大夫都非常可怜这个聪慧伶俐、才智过人的孩子，只要有一线希望，他们也想尽最大的努力。在北京，医生想给张海迪做脊椎穿刺手术，但见她嫩骨头嫩肉的，又怕她承受不了那份痛苦。把长长的针头刺进骨髓，其痛苦之状是可想而知的，意志薄弱的成年人也忍受不住，何况一个娇小的孩子！

面对大夫的犹豫不决和父母的举棋不定，张海迪却张着小嘴坚定地说："阿姨、叔叔，不要紧，扎针我不怕，挨刀我也不怕，您把我的病治好吧，长大了，我要当舞蹈演员，当运动员……"见小姑娘这般刚强，在场的人，鼻子都酸酸的。多好的孩子啊，多么刚强的姑娘啊！

脊椎穿刺手术开始了。细细的长长的针，穿过张海迪的皮肤直刺她的脊髓。针尖每前进一分，张海迪的身子都要像触电似的猛地抽搐一下。蛇咬蝎蛰般的痛啊，扯肝掏胆般的痛啊，张海迪咬着嘴唇，额头上滚着豆粒般的汗珠。大夫的手颤抖着，进针的速度慢了。张海迪却喊着："阿姨，您扎呀！您扎！您扎呀！"站在一边的妈妈毛骨悚然，针扎在女儿身上，却似穿着她的脊髓，她不忍看这情景，慌忙跑到门外，独自压抑着痛苦的呜咽。"妈妈，您干嘛呀？您别哭，我不痛，一点也不痛。"小海迪勉强咧开嘴微笑了一下。见此情景，妈妈用袖口抹抹发红的眼睛，脸上也不自然地露出了笑容。

少年时代无数次治疗的尝试，尽管没有从根本上解决张海迪的病痛，但在战胜一次次折磨的过程中，张海迪学会了在病痛来临的时候选择坚强，这已成为她人生的宝贵财富。当你尝试着选择坚强、面对光明，阴影就会逐渐离你而去。一个在身处困境时仍能够从能做到的事情出发、保持良好精神状态的人，比那些一遇到挫折就灰心丧气的人更容易取得成功。

张海迪知道自己的身体条件是无法与别人相比的，又加上经常身受病痛的折磨，从时间上来说也无法保证，因此要想有一番作为，使自己的人生变得充实、丰富，就必须利用一切机会充分发挥自己的优势，坚持不懈地挖掘其他人不具备的成功因素。在某一点上的不足，并不等于自己一无是处。只要你能够紧紧地抓住一点，就可能以点带面、以面促点地获得总体突破的机会。

张海迪家原有三个大书架，里面被书塞得满满当当的。为了防止引起不必要的麻烦，海迪的父亲将它们廉价卖给了废品站。正处于求知高峰期的张海迪从妹妹那儿得知，在楼梯洞子里堆满了大量的书籍时，不由得怦然心动。

一天，妹妹小雪从学校回来了，张海迪喊住了她："妹妹，帮姐姐个忙，到楼底下给我'偷'本小说来。"

小雪勉强答应了，妹妹刚到家，张海迪就急不可待地叫妹妹从裤腰里抽出书，她接过来一看，一本是《林海雪原》，一本是《苦菜花》。以后，小雪又数次"出击"，为姐姐"偷"来了各种各样的书，有文艺的、有科学的、有中国的、也有外国的……

当自身的条件不如别人的时候，要想有一番作为，更要努力挖掘其他人不具备的成功素质，以求找到突破的机会。当普通人认为书籍是"乌七八糟"的东西时，张海迪却千方百计地寻找着它们。

当有些人正忙于清理"垃圾"时，张海迪却徜徉在知识的海洋里。重病缠身的张海迪根本就没有条件像正常人一样跨进学校的大门，但她具备在当时的条件下许多普通人没有的素质：渴求知识、热爱书籍。在对知识的追求过程中，张海迪逐渐弥补了未能上学的劣势。她的努力完全是发自内心的，是一种自觉自愿的行动，它的力量不知要比被动式的读书、求知大多少倍，这也是张海迪能够获得许多正常人也难企及的成就的重要原因。

挫折是每个人的生活中不可避免的，一个人的生活目标越高，就越容易受挫折。挫折对弱者来说是人生的重大危机，而对强者来说则是获得新生的绝好机会，他们会要求自己战胜挫折，把自己锻炼得更加成熟和坚强。如果说生命是一把披荆斩棘的"刀"，那么挫折就是一块不可缺少的"砥石"。为了使青春的"刀"更锋利些,有志者应该勇敢地面对挫折的磨炼。

全家人从农村返回莘县县城后,张海迪最想要的就是工作,她盼望能早日成为自食其力的人,但由于身体条件所限,张海迪一直待业在家。为此,她曾给党中央、国务院、省委写信,请求他们关心一下残疾人的生活与工作,可是一封封信都像泥牛入海,一点音讯也没有。张海迪的情绪已经跌入了谷底,特别是当她无意间发现了自己的病历卡,"脊椎胸五节,髓液变性,神经阻断,手术无效"赫然映入眼帘时,正被失业所困扰的张海迪甚至萌发了轻生的念头。

后来在家人的帮助下,张海迪的情绪逐渐稳定了下来。她首先分析了问题的根源:自己绝望的念头是在空虚、闲散、无所事事的情况下产生的。过去在尚楼,怎么会觉得生活是那样充实呢?那时,我的下肢不也是瘫痪的吗?眼下,自己的大脑和双手依然健在,自己有什么理由因躯体的局部残废而毁掉健全的另一部分呢?她在心中暗暗地发誓:"病魔把我变成了残疾,我偏不屈服,干脆就和病魔作对。"

张海迪仔细回顾了自己行医的经历,可以说是热情多于科学。对不少病症的发病原因不甚明了,治好病带有偶然性,治不好囿于盲目性。

她不满足于对确定的病症仅限于针灸治疗,她要下决心学习诊断和药物学。于是,她开始阅读大量的医学专著,她先后读了《针灸学》《人体解剖学》《生理学》

《内科学》《外科学总论》《实用儿科学》和《临床医药手册》等几十种医学书籍。

读一般的文学作品易,读专业书难,读医药书籍更难,何况张海迪还是个残疾人。张海迪身体的主要支柱——脊椎,历经了几次大手术,摘除6块椎板之后,当时已严重弯曲变形,呈"S"形。为了减轻脊椎的压力,张海迪看书时,必须将身体俯在桌子上,用双肘支撑起整个身体的重量,久而久之,张海迪的肘关节处起了厚厚的老茧,书桌上的油漆先是脱落,后来竟留下了两个大坑。张海迪艰难地摊开几本医学专用词典、参考书,来回地翻动,几分钟才弄懂一段文字,半天看不完一页书。一步三回头,三步一停留,阅读之艰难,真像登山运动员向主峰进发,每前进一寸,都要调动全身的力量!

为了获得实践经验,张海迪开始解剖动物,做各种生理实验。看见妈妈买回的猪内脏,张海迪就找来了爸爸的刮脸刀片,一点一点、一丝一丝地切着,研究心、脾、肺、肾的结构,分析胃、胆、肠、胰之间的联系。有好几回,经张海迪之手的猪内脏,都被弄得稀烂一堆,像切碎的肉馅一样。为了弄明白动物肌体的功能,她解剖过活家兔;为了弄清动物的神经效应,她让朋友们捉些滑溜溜的活青蛙作标本。家里每次杀鸡、宰鹅她都不放过研究的机会,亲自用刀解剖,弄得桌上、床上、身上、手上,到处都是血迹点点。

知识给张海迪插上了翅膀,她在攀登医学高峰的道路上一点点地前进着,张海迪也从失业的绝望中重新站了起来。不久,"张氏医寓"的牌子正式在莘城挂了起来,张海迪那小小的卧室,既是诊断室,又是治疗室,一间十来平方米的房子,常常被挤得水泄不通。

信念是牺牲,是勇气,是永不放弃,而并非侥幸的获得。

首先你需要自我检讨一下,自己对人生的信念是不是缺少了什么。比如你有梦想,也确立了目标,却一直无法实现你的信念。请时刻牢记,信念是需要行动来实现的,行动是需要勇气来实施的。畏缩,是无法让你实现信念的。

不要畏惧你在行动时可能遇到的挑战,事实上我们每个人都有做英雄的潜能,却因为自我怀疑而浪费了这种潜能。其实你是拥有这些品质的,需要的只是有勇气并且能行动起来,使你的信念有发挥的机会,你才能真的有可能实现它们。

作为新世纪的女性,我们也要培养自己的勇气,而且要从小事做起,因为生活是由小事组成的,大信念也是由小信念组成的。能在小事上培养勇气,我们就能拥有对大事采取行动的勇气。

其实信念和勇气都是人的本能,只要留心我们就能感觉到自己具有表现信念和勇气的需要,而这种需要会让我们实现梦想。

3. 自信的女人才是最美丽的

有一种颜色是用画笔描绘不出来的，有一种女人的魅力，是做作和装扮学不来的，这就是女人的自信。自信是女人身上最耀眼的色彩。只要拥有了自信，昂起高贵的头，女人就已经拥有了一份美丽。

美丽可以说是女人永远不倦的话题，是女人一生执着的梦想。世界上无论何种语言，形容女人的词汇都是一样的丰富多彩。温柔、贤惠、漂亮、可爱、清纯、成熟、婀娜、优雅、娇柔、妩媚、浪漫、热情、有风韵、有气质、有魅力、有内涵……由此也可以说，形容女人的美丽绝没有简单的统一标准。

什么样的女人最美丽，这原本就是仁者见仁、智者见智的问题。因为，有人喜欢骨感、有人喜欢丰腴；有人喜欢温柔、有人喜欢干练；有人喜欢古典美、有人喜欢现代美……可以说，女人的美可以是多愁善感，女人的美也可以是豁达开朗；女人的美可以是温婉贤淑，女人的美也可以是性感张狂……在这众多品质当中，女人的美也是多种多样的，但我想说：只有自信的女人才是最美丽的。

　　阿莲是个总爱低着头的小女孩，她一直觉得自己长得不够漂亮，因为她的额头上有一小块红色的胎记。所以，她从不敢抬头去接受别人投向她的目光。有一天，她到饰品店买了一个红色的蝴蝶结，店主不断赞美她戴上蝴蝶结是多么的漂亮。阿莲虽不信，但是心里却非常高兴，不由地昂起了自己的头，想让大家都看到这个漂亮的蝴蝶结，连出门与人撞了一下都没在意。

阿莲走进教室，迎面碰上老师，"阿莲，你昂起头来的样子真美！"老师爱抚地拍拍她的肩说。

那一天，阿莲得到了许多人的赞美。她想一定是那个美丽的蝴蝶结带给了自己这么多的夸奖，她忍不住站到镜子前面去欣赏自己。可往镜前一照，头上根本就没有蝴蝶结，一定是出饰品店时与人碰撞时弄丢了。

阿莲意识到，其实并不是自己的蝴蝶结漂亮，而是昂着头走路的自信让她美丽了许多。此后，阿莲的头上虽然没有蝴蝶结，但她成了一个漂亮姑娘。

其实，自信原本就是一种美丽，当你昂着头的时候，你已经把美丽展现了出来。而有些女人却因为太在意外表而失去很多快乐，这又何必呢？

一个女人，无论是贫穷还是富有，无论是美若天仙，还是相貌平平，只要你昂起头来，自信就会使你变得可爱——人人都喜欢的那种可爱。因为自信可以让女人拥有一种特有的气质，一种具有震慑力的向心力。不管你的外表是否真的漂亮，只要你有自信，你就拥有了美丽；只要你有自信，你就拥有了人生的价值；只要你有自信，你就拥有了世界……

记得一位著名的女作家曾经说过:"女人,无论何时,都应该像树一样站立。"是的,女人不应该是一根藤,一根只能依靠他物才能生存的藤;女人应该是一棵站立的树,历经狂风暴雨却屹然挺立的树。只有这样的女人,才能享受生活的阳光,才能在风雨人生中吸取更多的养分,并让自己如花般鲜艳夺目。

自信的女人最美丽。有自信的女人总是能坦然地面对社会、面对生活赋予她的一切,甜也好苦也好,悲也好喜也好,痛也好乐也好,都有勇气去承担,即使遇到失败或者残缺的生活,也不会失去向好的方面努力发展的动力。她的自信,让她即使做不到拥有最漂亮的外表,也能拥有最令人折服的内涵。

有一个女孩喜欢上同院里的一个男孩,而男孩难以忘怀女孩小时的狼狈样,难以报以爱心,对女孩并没有什么感觉。

一次两人同去看演唱会,男孩深为台上女歌星的美貌倾倒,他看到她太美了,女孩问:"你看什么看得如此入迷?"男孩答:"你看,那位歌星的发夹真漂亮!"后来,女孩在商场里看到了同样的发夹,她想买,但是它的价格不菲。女孩犹豫再三,想起男孩看女歌手时的痴迷样还是狠下心决定买一个,她想这样可以让男孩喜欢自己。但是她的钱没有带够,于是她先交了定金,下回补齐钱才取货。女孩后来又去了商场交钱,补齐了发夹的钱。就很神气地回家了,边走边想:我带了美丽的发夹,该多好看呢!像那天演唱会上的歌星一样!那男孩该喜欢我了……

女孩越想越美，很高兴地回家了，一路上有很高的回头率。进了大院，见到男孩在与人聊天，抬头见了女孩，很惊讶的样子。看到男孩这个样子，女孩更得意了。后来，女孩发现自己头上的发夹没了，女孩很焦急，沿途找回去，一直找到商场里，原来，发夹女孩忘了拿走。

从这个事例可以看出：自信的女人有一种不一样的吸引力，她可以更妩媚生动，更光彩照人，也会更坚强更有勇气去面对生活中所遭遇的艰难困苦。自信让女人相信自己可以去克服所有的困难，并不断地完善自己，努力使自己趋于完美。虽然我们知道人无完人，但是自信却能让我们向完美靠近，因为自信，让女人看到了自己本身的价值，看到了自己的魅力，看到了生活中美好的一面。

当然，可能很多女人最怕红颜易老。林黛玉葬花时有句名言："一朝春尽红颜老，花落人亡两不知。"它道尽了女人对红颜逝去的恐惧。女人不是永远青春美丽的雅典娜，时间的巨轮总会残酷地在那平滑的脸庞上碾出凌乱的皱纹，让原本紧绷有弹性的皮肤，抖成了满湖涟漪。但是，自信的女人仍会拥有慑人的气质和难以抵挡的魅力。

4. 乐观的女人多姿多彩

如果说女人是漂亮的鲜花，那么乐观则是水，让女人更加鲜艳、滋润、舒展，使女人变得多姿多彩、富于生机，并拥有阳光般的心态、积极的生活态度和健康的心理。

塞尔玛由于随丈夫从军，来到了沙漠地带。令她难以想象的是，在那里住的是铁皮房不说，还与周围的印第安人、墨西哥人因语言上的障碍而根本无法交流。最让她难以忍受的是当地的超高的气温，在仙人掌的阴影下都高达华氏125度，而这时又赶上丈夫奉命远征，留下她孤身一人在环境恶劣的沙漠中生活。无奈中她提笔给父母写了一封长信，在信中描述了自己的处境。

信寄出去以后，她天天期盼着父母的回信。终于有一天，信到了，可拆开一看，信中的内容使她大失所望。父母既没有安慰她几句，也没有叫她赶快回去。那封信里只一张薄薄的信纸，上面是一个简短的故事。信是这样写的，曾经有两个囚徒，他们被关在阴暗的监狱里，唯一可以让他们见到阳光的就是那扇铁窗。一个人每天看到的都是一成不变的泥土，而另一个却天天可以享受天上星星不停变化所形成的美妙景观。

看过信以后，塞尔玛起初非常失望，心里埋怨父母，怎么父母回的是这样的一封信！尽管是这样，她还是非常喜欢读这封信，因为那毕竟是远在故乡的父母对女儿的一份关切。她反复阅读，认真思考，总感觉父母的信中有什么典故。终于有一天，她悟出了父母写这封信的真正意义。原来父母是为她的人生上了一堂重要的课。

她终于发现了自己的问题所在：以前她的生活就像是第一个囚徒那样，只看到地上那一成不变的泥土，在恶劣的环境下她看不到原本存在的美好的事物，她消极了、悲观了，原本拥有的自信也随着消极情绪流失了。所以，她是失败的，美丽不属于她。

于是，她开始试图改变自己目前的生活状态。

她鼓起勇气与语言不通的印第安人、墨西哥人交朋友。出乎意料的是与印第安人、墨西哥人交往并没有她想象的那么困难，她发现他们都十分好客、热情，慢慢地他们都成了她的朋友，而且还送给她许多珍贵的陶器和纺织品作礼物，这为她树立了良好的信心。

为了丰富自己的生活，她决定在当地恶劣的环境下寻找美好的事物，她开始研究沙漠的仙人掌，一边进行研究，一边做笔记。在研究的过程中，她被仙人掌的千姿百态吸引住了。

她欣赏沙漠的日落日出，她感受沙漠的海市蜃楼，她享受着新生活给她带来的一切。就这样，她的心情逐渐地好了起来，以前的愁容也消失得无影无踪。她发现生活一切都变了，变得使她每天都仿佛沐浴在春光之中，置身于欢声笑语间。

后来她回到美国，把自己的这一段真实经历写成了一本书，名字叫《快乐的城堡》，在当时引起了很大的轰动。

我们要懂得利用乐观主义这一心灵的阳光，只有它才能为我们照亮光明的前途。只有乐观的心态才能吸引那些与成功体验相关的思想。

乐观的女人在面对生活的压力时，会保持乐观的心态。因为她们知道，这是一根坚强的支柱，上帝不会因自己的长吁短叹、忧心忡忡而产生怜悯。相反，保持乐观的心态、顽强的意志则会支持自己摆脱困境、渡过难关。

乐观的女人在面对事业的挫折时，她们的乐观心态就是一股强劲的力量。就算是自己烦天烦地，上司也不会因此而提携自己。相反，如果自己能够拥有乐观的心态和百折不挠的毅力，终有一天会走出低谷，重新扬帆起航。

乐观的女人在面对病痛的折磨时，乐观的心态就是一剂良药。病魔不会因为自己的唉声叹气、惴惴不安而离开，相反，保持乐观的心态、无比的信心就会帮助自己战胜病魔，重拾健康。

乐观的女人面对情感的失落时，不会无所适从，而是抱着乐观的心态。她们明白：对方不会因为自己的自暴自弃而产生怜惜，与其这样，还不如保持乐观的心态、清醒的头脑来促使自己去忘记悲伤。乐观的女人相信自己总会找到属于自己的幸福。

世界上没有一个人每一天的日子都是晴空万里，一个乐观聪明的女人懂得如何去寻找快乐，并放大快乐来驱散愁云；一个乐观的女人明白简单生活就是快乐，她会把复杂的事情简单处理，不会为自己和他人设置心灵障碍，不会让琐碎的小事杂陈心头，她会定期清除心里的垃圾。

如何在生活中培养乐观的心态，可以尝试下面的方式：

（1）与乐观主义者交朋友。最不足以交往的朋友，是那些悲观主义者和一些只会取笑他人的人。真正的朋友，应该是把"没有什么大不了的"挂在嘴上的人。

（2）当情绪低落时，就去访问孤儿院、养老院、医院，看看世界上除了自己的痛苦之外还有多少不幸。如果情绪仍不能平静，就积极地去和这些人接触；和孩子、老人、病人一起散步游戏，把自己的情绪转移到帮助别人身上，并重建自己的信心。

（3）听听愉快的、鼓舞人的音乐。不要去看早上的电视新闻，看看与你的职业及家庭生活有关的当地新闻。不要向诱惑屈服，不要浪费时间去阅读别人悲惨的详细新闻。在开车上学或上班途中听听电台的音乐或自己的音乐带。如果可能的话，和一位积极心态者共进早餐或午餐。晚上不要坐在电视机前，要把时间用来和你所爱的人谈谈天。

（4）改变你的习惯用语。不要说"我真累坏了"，而要说"忙了一天，现在心情真轻松"，不要说"他们怎么不想想办法？"而要说"我知道我将怎么办。"不要在单位抱怨不休，而要试着去赞扬某个同事；不要说"为什么这事偏偏找上我"，而要说"这是上帝在考验我"；不要说"这个世界乱七八糟",而要说"我要先把自己家里弄好"。

（5）向龙虾学习。龙虾在某个成长的阶段里，会自行脱掉外面那层具有保护作用的硬壳因而很容易受到敌人的伤害，这种情形将一直持续到它长出新的外壳为止。生活中的变化是很正常的，每一次发生变化总会遭遇到陌生及预料不到的意外事件。躲起来会使自己变得更懦弱；相反，要敢于去应付危险的状况，对未曾经历过的事情，要树立起信心。

（6）从事有益的娱乐与教育活动。观看介绍自然美景、家庭健康以及文化活动的电视片；挑选电视节目及电影时，要根据它们的质量与价值，而不是注意商业吸引力。

（7）在幻想、思考以及谈话中表现出健康的状况。每天往积极的方面想，不要老是想着一些小毛病，像伤风、头痛、擦伤、抽筋、扭伤以及一些小外伤等。如果你对这些小毛病太过注意了，它们将会成为你"最好的朋友"经常来"问候"你。一般脑中想些什么，我们的身体就会表现出什么来。

5. 有梦想的女人不迷茫

一个人如果没有梦想，就好像长途跋涉的旅行者没有指南针一样，是很难到达目的地的。

每个人都要拥有一个梦想，作为女人也不能例外，因为：拥有梦想的女人，就是一只拥有美丽翅膀的鸿雁，可以自由翱翔；

　　拥有梦想的女人，就像一艘拥有最好船帆的轻舟，可以乘风破浪；

　　拥有梦想的女人，就如一朵能绽放的玫瑰，可以永远美丽。

　　作为女人，可以没有美好的生活，但绝对不能没有美好的梦想。因为梦想可以在女人天性浪漫的头脑里，给灰色的现实加上一抹最绚丽的粉红底色。

　　即使你的梦想不切实际，但有梦想总比没有梦想要好，知道自己将来想干什么总比不知道自己将来要干什么的要强，所以拥有梦想的女人是幸福的。

　　有梦想的女人生活更有激情，行动起来更有力量，成功的希望也更大。鼠目寸光是不行的，不能看见树叶就忽略了整片森林。辛勤的工作和一颗善良的心，尚不足以使一个人获得成功，因为，如果一个女人并未在他心中确定她所希望的明确目标，那么，她又怎能知道他已经获得了成功呢？

　　在一个人选好工作上的一项并明确目标之前，他会把他的精力和思想浪费在很多项目上，这不但使他无法获得任何能力，反而会使他变得优柔寡断。当他把所有能力组合起来，向着生命中一项明确目标前进时，那么他就充分利用了合作或凝聚的方法，从而产生巨大的力量。

　　正如空气对于生命一样，目标对于成大事者也有绝对的必要。如果没有空气，没有人能够生存；如果没有目标，没有人能够成功。

罗马纳·巴纽埃洛斯是一位年轻的墨西哥姑娘，16岁就结婚了。在两年当中她生了两个儿子，丈夫不久后离家出走，罗马纳只好独自支撑家庭。但是，她决心谋求一种令她自己及两个儿子感到体面和自豪的生活。

她带着一块普通披巾包起的全部财产，跨过里奥兰德河，在得克萨斯州的埃尔帕索安顿下来，并在一家洗衣店工作，一天仅赚一美元。但她从没忘记自己的梦想，即要在贫困的阴影中创建一种受人尊敬的生活。于是，口袋里只有7美元的她，带着两个儿子乘公共汽车来到洛杉矶寻求更好的发展。

她开始做洗碗的工作，后来找到什么活就做什么。拼命攒钱，便和她的姨母共同买下一家拥有一台烙饼机及一台烙小玉米饼机的店铺。

她与姨母共同制作的玉米饼非常成功，后来还开了几家分店。直到最后，姨母感觉到工作太辛苦了，这位年轻妇女便买下了她的股份：

不久，她成为全国最大的墨西哥食品批发商，拥有员工300多人。

她和两个儿子经济上有了保障之后，这位勇敢的年轻妇女便将精力转移到提高她美籍墨西哥同胞的地位上。

"我们需要自己的银行"，她想。后来她便和许多朋友在东洛杉矶创建了"泛美国民银行"，这家银行主要是为美籍墨西哥人所居住的社区服务。

她与伙伴们在一个小拖车里创办起他们的银行。可是，到社区销售股票时却遇到另外一个麻烦，因为人们对他们毫无信心,所以她向人们兜售股票时遭到拒绝。

他们问道:"你怎么可能办得起银行呢?""我们已经努力了10多年,总是失败,你知道吗?墨西哥人不是银行家呀!"

但是,她始终不放弃自己的梦想,努力不懈,如今,银行资产已增长到2200多万美元,她取得伟大成功的故事在东洛杉矶已经传为佳话。后来她的签名出现在无数的美国货币上,她由此成为美国第三十四任财政部长。

这位女人的成功确实得之不易。你能想象到这一切吗?一名默默无闻的墨西哥移民,却胸怀大志,后来竟成为世界上最大经济实体的财政部长。

人生不能没有目标,一个没有目标的人不仅没有内涵,还没有成功的欲望和动力,一辈子都碌碌无为,糊里糊涂。

所以,人要想发展自己,取得成功,就要有自己的目标,目标是你前进时的动力,爱迪生曾说过:"一心向着自己目标前进的人,整个世界都给他让路。"古今中外,无一例外,那些名留青史、成就大业的人都是有目标的人,目标会给人带来希望,带来成功。

事实上,世间万物都在轮回中寻求目标,也正因为有了目标,世界才能多彩多姿,即便沧海桑田,物是人非,但目标是不会变的,目标永存才会有走向成功、达到目标的动力。

人的一生分成好几个阶段,每一个阶段都会有不同的梦想,我们只有在努力实现一个梦想之后,才能继续不断追求下一个更大的梦想。所以我们需要有梦想,也需要为自己的梦想不断的努力付出。

追求梦想可以让女人变得更美丽,能够让我们自己在艰难的时候坚持下去。拥有梦想可以让我们接受任何风浪,任何挑战。失败了很痛苦,但是站起来,坚持自己的信念却很美,没必要介意别人的看法,做自己,才是真正实现自己梦想的途径。

每个人都有自己的梦想,也许你梦想的舞台不是在耀眼的人前,而是在默默而平凡的生活中。没有任何人能预先知道自己的道路会是怎样,但是至少我们能够创造,能够让自己的未来更加美好。

6. 相信自己一定可以成功

一个女人能否成就人生,首先在于其是否拥有一个成功者的心态。虽然有些女人对自己的认识有一定的局限性,并会受到周围环境的制约,如心中怕做强人,注定就是弱者。有的女人宁可做个符合大众标准的女人,也不求成功,这种错觉妨碍了她们的上进。只有那些永远保持积极心态的女人,才能成就一番事业,活出自己人生的辉煌。

在中国经理人中,护士出身的吴士宏被尊为"打工皇后"。在信息产业界,她是第一个成为跨国信息产业公司中国区总经理的内地人、唯一一个在如此高位上的女性、唯一一个只有初中文凭和成人高考英语大专文凭的总经理。

1973年，吴士宏初中毕业，由于父母所谓的"政治问题"不能继续上学。一年后，她被分配到一个街道小医院当护士，用她自己的话说，那是一份"毫无生气甚至满足不了温饱的职业"。

1983年，吴士宏决定自学英语。她依靠一台小收音机，用了一年半的时间学完许国璋的三年英语教程，并通过成人高考取得英语专科学历。

1985年，吴士宏决定要到IBM去应聘。当时，IBM的招聘地点在长城饭店，这是一个五星级的饭店。她在长城饭店门口足足徘徊了五分钟，呆呆地看着那些各种肤色的人如何从容地迈上台阶，如何一点也不生疏地走进门去，就这样简简单单地进入另一个世界。

最后，她鼓足了勇气，迈着稳健的步伐，穿过威严的旋转门，在内心的召唤下，走进了世界最大的信息产业公司IBM公司的北京办事处。她的确是个人才，顺利地通过了两轮笔试和一轮口试，最后到了主考官面前，眼看就要大功告成了。

主考官没有提什么难的问题，只是随口问："你会不会打字？"

她本来不会打字但是本能告诉她，到了这个地步，还有什么不会呢？

她点点头，只说了一个字："会！""一分钟可以打多少个字?""您的要求是多少?""每分钟120字。"

她不经意地环视了一下四周,考场里没有发现一台打字机。她马上就回答:"没问题!"主考官说:"好,下次录取时再加试打字!"她就这样过五关斩六将,顺利地通过了主考官的考验。

实际上,吴士宏从来没有摸过打字机。面试一结束,她就飞快地跑去找一个朋友借170元钱买了一台打字机,就这样没日没夜地练习一个星期,居然达到专业打字员的水平。

她被录取了,IBM公司"忘记"考她的打字水平了,可是这170元钱,她好几个月才还清。她成了这家世界著名企业的一名普通员工,可是她做的不是白领,而是一个卑微的角色,主要工作是泡茶倒水、打扫卫生,用她自己的话说,"完全是脑袋以下的肢体劳动"。她为此感到很自卑,她把可以触摸传真机作为一种奢望,她所感到的安慰就是自己能够在一个可以解决温饱问题而又安全的地方做事。

吴士宏每天除了工作时间就是学习,就是寻找着自己的最佳出路。最终,与她一起进IBM的,她第一个做了业务代表;她第一批成为本土的经理;她成为第一批赴美国本部进行战略研究的人;她第一个成为IBM华南地区总经理;还登上了IBM(中国)公司总经理的宝座。

《中国青年报》评价她说:"作为女人,她更像一个温文、安静的淑女,带着优雅的微笑和气质,她不很在意自己的'女性意识'。她做事为人非常本色,狂潮到来时多一份清醒，逆境到来时多一分坚定。"

1998年，吴士宏出任微软（中国）公司的总经理，通过大刀阔斧地修整，使微软的业绩实现了增长。1999年6月因个人原因辞职，在IT业引起震动。后跳槽至TCL信息产业集团任TCL集团常务董事、副总裁、TCL信息产业集团公司总裁。

吴士宏的成功，在于她作为一个普通女人希望自己的能力得到承认，为此，她一直没有放弃，一直在努力。

如果一个女人内心深处始终认为自己是一个弱者，那么她就永远也不可能成为强者。女人想要成为强者，就要相信自己一定可以成功，像强者那样去思考和行动。

7. 坚韧的女人可以笑到最后

女人的魅力之源是坚强，坚强就是"伤心时能够保持微笑，孤独时候可以享受孤独。"

我们每个人都有遇到挫折的经历，挫折会让我们感到失败和无助，然后产生自卑感，自我否定，影响我们实现梦想。我们要做的就是让挫折帮助我们解决问题，而不是向挫折屈服。现在紧张的生活节奏让我们经常陷入烦恼和焦虑中，虽然我们不断要求自己提出解决的办法，可是却往往陷入怪圈找不到方向，让我们有消极的感觉，产生挫败感。

只有坚韧能让我们体会到战胜挫折的快乐，而战胜挫折的过程就是保持坚韧状态的过程。面对挫折而不退缩，保持拥有坚韧品德的人，可以面对来自任何方面的挫折而不畏惧。因为你可以把挫折看作是高山，坚韧的意志力会让你登上这座山，并能轻易地翻越它。

杨玉晶是一名成功女性，她有着令人羡慕的财富和办事能力，却少了股女强人般硬邦邦的劲头。她待人真诚、亲切，浑身上下散发出积极向上的力量，跟她在一起，让人觉得生活特有奔头，再大的挫折也能跨过去。谈起她的成功和坚韧，她笑着说："我不怕输的原因有两个：一是尊严，它让我体会到人生的动力；二是家庭，它让我珍惜眼前的幸福，并努力奋斗。"

1993年，杨玉晶从黑龙江迁至烟台定居，应聘到一家藏药分装厂做办公室主任。她尽职尽责地工作，可时间一长，她就闲不住了。办公室工作琐碎、机械，跟她的性格与理想太不相符了。于是她主动要求调到销售部门做销售。老板把别的销售员"攻"不下来的烟台地区各医院交给她。她也自信满满地给自己打气："加油，你一定能成功！"可是，药品要进医院是很困难的，要经过三检五审不说，光竞争的企业就有100多家。医院的人一听她说是医药代表，连理都不理她。杨玉晶一出师就受挫，常常难过地流眼泪，但很快，她就调整好自己的心态，想："人家不接受我，说明我的工作做得不到家。做事先做人，我

首先应该让他们接受我，然后他们才会接受我的产品。"想好后，她就开始了她的"微笑工程"，哪怕再讨厌的人，她也会只看他们的优点，并始终以笑脸示人。没多久，医院的人对她的态度就转变了。一年下来，她的药品成功进入了烟台十几家医院和大型药店，她的销售业绩更是达到100多万，年底时，她拥有了自己的新车——一辆白色的捷达。

工作上小有成绩后，杨玉晶又遭受了一次小小的挫折。

公司老板看到药品销售市场打开后，就改变了公司制度，个人收益不再与业绩挂钩，并且拖欠了杨玉晶几万元的工资不给。在这种情况下，杨玉晶选择了辞职。

经过这次事情后，杨玉晶想，要成事就一定要有自己的事业，于是她跟丈夫商量，想自己开办一个小型企业。丈夫不同意，认为自己的收入较高，用不着妻子再出去抛头露面。但是杨玉晶坚持这样做，丈夫也只好支持。

有了创业的想法后，杨玉晶非常关注一些市场信息。她发现一些著名的床上用品如"富安娜""黛富妮"等都是深圳出产的，而山东作为一个产棉大户，却没有几个著名商标，主要以出口加工为主。看准了这个市场空白点后，杨玉晶决定从家饰入手。她在烟台注册了一家自己的公司——玉锦家饰，想打造一个属于山东人自己的名牌家饰。为了走好第一步，杨玉晶特意从深圳请来一名专门的设计人员，把鲁绣和中国的传统文化以及女性对床品的理解融入家饰用品中，设计成样，又到各绣花厂、缝制厂、包装厂、印刷厂联系订制，终于生产出了符合她理想的家饰用品。她的床品进了烟台、北京各大商场，并在山东省有了三家加盟店。

但是，花了这么多心血的"玉锦家饰"，其销售情况并不乐观，又正好赶上了非典，销售更是雪上加霜。杨玉晶又一次遭受失败。

可是问题出在哪里呢？

杨玉晶静下心来，仔细分析了北方家饰市场后发现：玉锦家饰的床品由南方设计师设计，颜色比较淡雅，而北方人多数是结婚或过年时才购买床品，选择的颜色大多浓烈而厚重；她的床品尺寸也偏小，北方人身材高大，1.8米、2米的床很常见；还有她们设计的床品品种少，很多时候顾客不能一次购齐……

杨玉晶第一次办企业就遭遇了这么大的失败，身边没有人做过企业，更没有人可以帮她，她陷入了危机中。就在她最艰难的时候，丈夫李友和站在了她身边。李友和辞掉了年薪30万的工作，全心全力地帮助妻子渡过难关。他们将所有加盟店的货都撤了回来，准备一切重新开始。

痛定思痛，两人总结教训，采取了一系列改进措施。他们针对北方市场开发了新的花色品种，对缝制工人进行技术培训，开了两家直营店，听取顾客意见，认真分析了顾客的消费层次和心理，从实际角度设定利润。经过一年的摸索，她的产品销量直线上升，回头客越来越多。她的专卖店在烟台已开了四家，并且在长春、济南等地也有了连锁店。

坚韧需要坚持到底。任何意志都不是一时产生的，是需要点滴积累的过程。要培养坚持到底的坚韧，就必须先要做到积极主动地参与，才能做到集中注意力在所做的事情上，才能做到坚持到底。

坚韧需要乐观的心态。乐观的人永远保持着积极向上的心态，永远充满了勇气，所以才能让坚韧坚持到底。

坚韧需要逆境的磨炼。身处逆境可能是一种不幸，可是却能够充分锤炼我们坚韧的意志。因为要摆脱逆境就必须要有坚韧的性格，才能做到摆脱逆境的限制，得到解脱。

坚韧需要自信的帮助。自信是挑战挫折的动力，让我们可以勇敢地挑战挫折，没有自信就是有再坚韧的意志，我们仍然难以成功。自信是支持坚韧的支撑，因为有了自信，坚韧有了意义。

坚韧代表了一种积极向上和自信乐观的人生态度，拥有这种态度去生活的人，能经历任何挑战，因为他们是从乐观的角度看待身边的一切的，他们相信风雨之后一定能再见彩虹。面对挫折和失败，你是打算放弃呢？还是作为考验继续努力呢？人的一生不可能只有成功的喜悦，而没有挫折和失败的经历，毕竟"失败是成功之母"。

一个人如果能把挫折和失败看作是生活的挑战，能接受这种挑战，并能重新振作起来，就能朝着既定的目标继续前进，而这个过程就需要拥有坚韧的性格以及不屈的精神。

坚韧代表的是自信和积极的人生态度，这种态度可以帮助我们战胜挫折和失败，战胜一切。坚韧实际上就是一个人如何看待挑战，如何对待属于自己的命运之路。

实现梦想需要我们在心里记住自己的梦想，想着如何实现这个梦想，想着遇到障碍的时候如何应对。暴风雨是可怕的，但只要记得风雨之后就一定有彩虹，那么再大的风雨也阻止不了你的脚步。

只有不畏任何挫折、失败和挑战，拥有坚韧的态度和意志力，才能让你的人生之旅充满风雨之后的阳光。培养坚韧的性格，客观地看待造成挫折和失败的原因。不仅要从自己的角度去找原因，还要学会从不同的角度找原因，这个角度必须是积极的，才能抓住问题的关键。不能把原因归咎于外部的环境影响，或者是自己的粗心大意，要客观地找原因，才能找到解决的办法。了解自己的优点培养自信心。只有了解自己、知道自己的优点、对自己有信心的人，才能不惧面对人生的挑战，积极地表现自我。人的一生会碰到很多自己能力所不及的事，以及无法预知的挑战，只有正确地分析造成挫折和失败的原因，并且敢于大胆尝试，不怕挑战，才能战胜困难。当我们遭遇这样的挑战的时候，如果无法独自应对，可以与周围人沟通，共同寻求战胜挑战的办法。

培养坚韧的性格首先要有坚定的目标，不因为外部或自身原因而改变自己的梦想，影响自己的目标，并且要有强烈的渴望达到目标的精神，要求自己一定要做到。

坚韧需要自强不息，要相信自己有能力做到，并能做出正确的判断。有了正确的判断，就可以鼓励自己坚定不移地坚持到底，而不会因为盲目影响了坚韧的意志力。

当把努力和奋斗当作习惯，把人生中的挑战当作习惯，就能自然地让自己采取行动，并且能坚持到底。

　　所以说坚韧的性格不是天生就拥有的，要通过后天的训练培养。只有坚韧的人才能坚持到最后，笑到最后。缺少坚韧的性格，即使是天才，也会屈服在各种挫折和失败面前。

第二章 独立有主见,不依附任何人

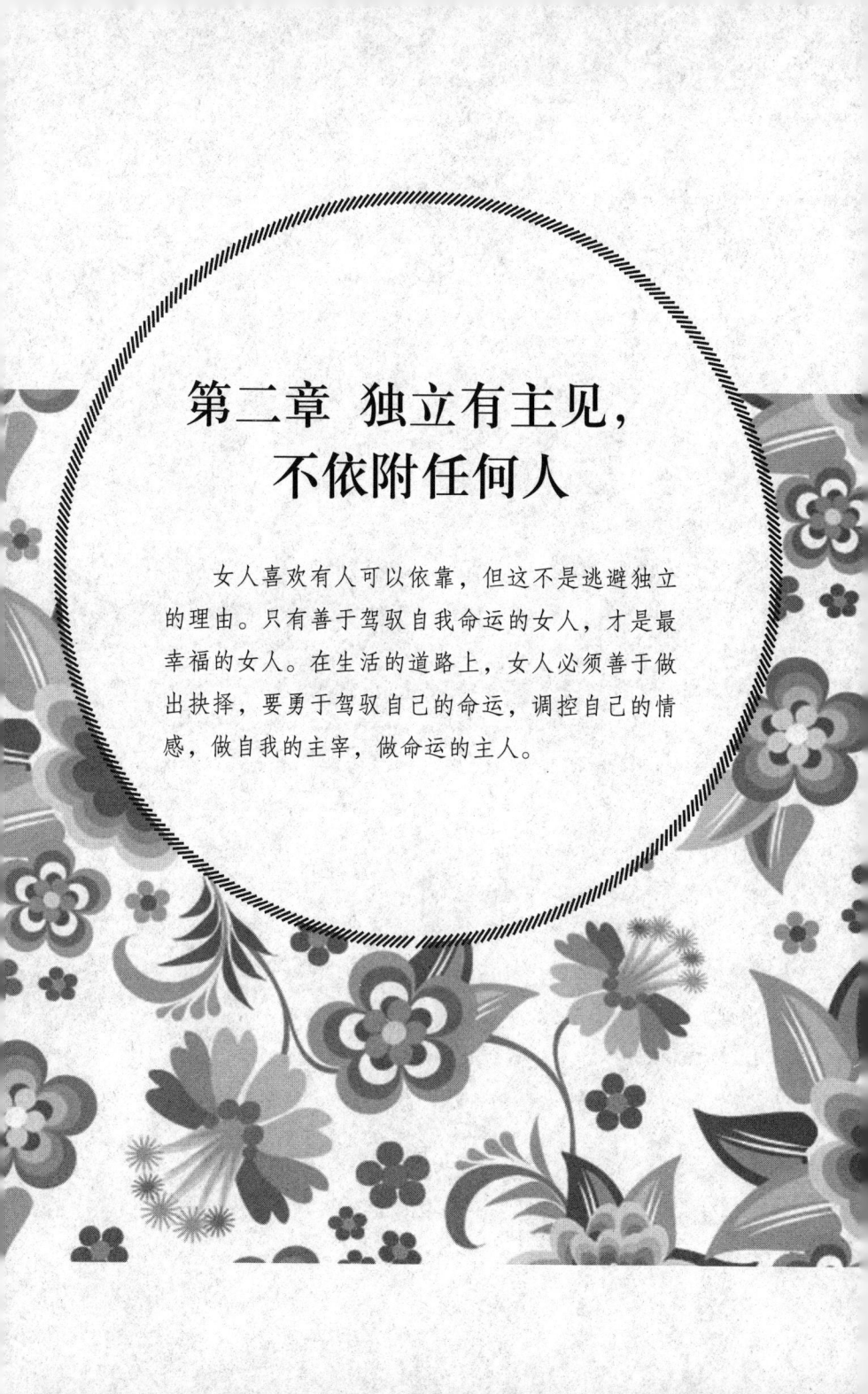

女人喜欢有人可以依靠,但这不是逃避独立的理由。只有善于驾驭自我命运的女人,才是最幸福的女人。在生活的道路上,女人必须善于做出抉择,要勇于驾驭自己的命运,调控自己的情感,做自我的主宰,做命运的主人。

第二章 遗文补正说

不仅仅是古人

1. 独立，让女人更幸福

女人独立，不是为了和男人竞争，而是找准自己的位置。独立是一个很高的境界，需要高素质的心态和全新的价值观念。如今，越来越多的女人开始追求独立的生活，这是社会的进步，也是妇女真正的解放。

女人要想从里到外都透出优雅，就应该在经济上有独立感，这种感觉能使她们的精神独立并且有相对坚实的地基。通过经济的独立，她们才能享受到成就的满足感，这种满足感能让她们变得优雅自信、神采奕奕。

的确，有人说，家庭是女人一生最伟大的事业，如果一个女人的家庭是失败的，哪怕她的事业再成功，她也很少有幸福的感觉。一个女人要独立，要成就一番事业，即便不说要有一个温暖幸福的家庭做后盾，也要努力去营建一个幸福美满的家庭。而不能像现在一些女强人，以幸福的家庭生活为代价去换事业的成功。结果物质是丰富了，可是灵魂却开始四处漂泊，无家可归。

当然女人的独立不仅仅体现在物质上，还体现在精神上。如果说男人活在物质中，那么女人就活在精神里。女人的精神世界是无比神秘和无比丰富的。女人的精神独立是对自己的确认。当女人的精神世界被别人支配时,就像笼中的小鸟一样失去了自由,同时也失去了美丽的权力。

  一个女人嫁给了自己的所爱,是很幸福的事情,如果能够一辈子相守,就是一辈子的幸福,女人的世界就都是男人。然而,男人的世界就会只是这个女人吗?随着时间的消逝,男人要工作,担起家庭的一切责任,他没有那么多时间和精力放在这个女人身上。女人一天在家只是忙家务、带小孩,剩下的时光都在想他,想他此刻在做什么呢!他一天工作回家,累了,一句话都不想说,让她好伤心。在她转身的瞬间,一滴泪珠滑落脸庞。此刻,他不理解她的心碎,她不懂他的无奈。久之,彼此的共同话题也会减少。

  是他错了吗?他让自己心爱的女人在家好好享福,不让自己的女人在残酷的职场受到风雨的侵害;是她错了吗?她让这个家干净、温馨,让自己的男人在职场中更努力地投入工作。

  他们都没有错。如果有错的话,是女人太依赖男人了,除了男人和家庭,没有了其他。久而久之,女人的失落感开始产生了。

  不是说一个女人要在事业上如何的成功,如何的优秀。但是,她一定要自立、自尊,不与这个社会脱节,这十分重要。尤其,在这个知识经济的21世纪,女人也必须要学会靠自己生活。

  独立的女人是成熟的,像《2046》里巩俐饰演的黑蜘蛛,有着一双看破尘世间浮华淡漠的眼、一抹诱人的烈焰红唇,着一袭黑色的紧身小礼服,高贵优雅地出现在众人面前。让人有一种惊鸿一瞥的感觉。《甜蜜蜜》里张曼玉饰演的展翘,则是一位可爱的女人。她是一棵无论在什么情况下都能够茁壮成长的杂草,有着极顽强的生命力,有着独到的见解。虽然相貌平平,但是因为她的独特的个性和爽朗的性格,成为一个让男人为之心动的女人。还有身残志不残的张海迪,一个深度残疾的女人,凭着自己顽强的意志读完博士,时刻想着为这个社会尽一点绵薄之力。她们因为独立而使平淡的生命显得异常精彩,她们的优雅源自生命的最深处,为自己平添了一份令人赞赏的迷人气质。

历史上,女人总是作为某个男人的附属品而存在,而今时代不同了,女人要了解独立的意义,要相信独立的女人是最美的。我们知道郁金香,它那矜持端庄的花姿、酒杯状鲜艳夺目的花朵,衬以粉绿色的叶片,在花的王国里确是独树一帜。而独立的女人就像这盛放的郁金香,散发着属于自己的芬芳,姿态永远是那么优雅。

2. 女人要摆脱依赖心理

在人与人的关系中,只要存在着心理上的依赖性,就必然不会自由选择,不会与人竞争,也就必然会有怨恨和痛苦。由于我们生活在一个相互关联的社会群体中,因此在现实生活中,要保持一种心理独立是很困难的,依赖这种不良的心理就会不时地以各种方式侵入你的生活,而且由于许多人从依赖中

可以得到好处，根除这一弊病就变得十分困难了。

我们这里所说的"心理独立"，是指一种完全不受任何强制性关系的束缚，完全没有被他人控制的行为。这就意味着，如果不存在强制性的关系，你就不必强迫自己去做不愿意做的事。

保持心理独立之所以很难，这与社会环境教育我们不要辜负某些人，比如父母、子女、上级以及恋人的期望等因素不无关系。

当然，女人的个人独立并不代表真正的成功，圆满的人生还必须追求一种更加成熟的人际关系。不过，人与人的相互依赖关系必须以个人的真正独立为先决条件。女人依赖男人是正常的，因为女人最重要的是维持稳定牢固的家庭关系。但是，如果形成这样的状态，就是需要注意的事情了。如果对方给你幸福，你就幸福；他不给你幸福，你就不幸福。你把自己的幸福完全寄托在对方是否给予上，这就叫作"索取"型的幸福，也就是精神上的过度索取。这种"依恋"很快就会超出男人的承受程度，让他形成一种巨大的心理压力，进而选择退缩。索取型的依恋实质上就是女人的控制欲，当女人抓得越紧，男人便会逃避得越快。所以，女人在心理上也要独立。这种独立一旦形成，女人就会变得非常快乐。女人一旦独立了、快乐了，就不会对男人进行紧迫的控制，那么男人也就不会选择逃避了。

心理独立是一种能力，也是一种手段，但绝对不是女人的终极目标。通过独立，让自己快乐起来，获得牢固而又稳定的婚姻关系，这才是女人正常合理的主要追求。

女人要实现心理独立,首先就得摆脱依赖他人的需要。请注意,这里讲的是"依赖的需要",而不是"与人交往"。一旦你觉得你需要别人,你便成了一个脆弱的人,一种现代奴隶。也就是说,如果你所需要的人离开了你、变了心或者是死去了,那么你必然会陷入惰性、精神崩溃甚至是绝望以至于求死。社会告诫我们不要总是在等待某些人来安抚你。如果你觉得必须根据某人的意义来肯定,你必须着手修正这一误区。

依赖使一个女人失去了精神生活的独立自主性。依赖性强的女人不能独立思考,缺乏工作的勇气,其肯定性也是比较差的,会陷入犹豫不决的困境。她一直需要别人的鼓励和支持,借助别人的扶助和判断。依赖者还会出现懒惰者的性格倾向——好吃懒做,坐享其成。

女性可采取以下几种方式来实现心理独立:

(1)在自我意识上制定一份"自我独立宣言"。并向他人宣告,你渴望在与他人的交往中独立行事,彻底消除任何人的支配(但不排除必要的妥协)。同时与你所依赖的人谈话,告诉他们你需要独立行事,并明确你独立行事时的感受和目的。这是着手消除依赖性的有效方法,因为其他人可能甚至还不知道你处于依赖性和服从地位的感受情况。

(2)敢于说"不",能够提出有效的生活目标。确定如何在这段时间内与支配你的人打交道。当你不愿意违心行事的时候,不妨回答说"不,我不想这样做。"然后看看对方对你的这一回答的反应如何。当你有足够的自信心的时候,同支配你的人推心置腹地谈一谈,然后告诉他,你以后愿意通过某个手势来向他表明你的这种感觉,比如说,你可以摸摸耳朵或者是

歪歪嘴来表示你有自己的看法。

（3）当你感到心理受人左右的时候，你不妨告诉那个人你的感觉，然后争取根据自己的意愿去行事。请记住，你的父母、恋人、朋友、上级、孩子或者是其他人常常会不赞叹你的某些行为，但这丝毫不影响你的价值。不论在何种情况下，你总会引起某些人的不满，这是生活的现实。你如果有思想准备，便不会因此而忧虑不安或者是不知所措，这样可以挣脱在情感上束缚你的那些枷锁。如果你为支配者（父母、朋友、孩子或上级等）而陷入惰性，那么即便有意回避他们，也还会无形中受人支配。

（4）运用推心置腹调节自己的意识。如果你觉得出于义务而不得不看望某个人，问问你自己：若别人也出于此种心理状态，你是否愿意让别人来看望你。如果你不愿意，那就应该推心置腹地换位思考一下，"己所不欲，勿施于人。"

3. 女人要有自己的闺中密友

一个人活在世上可以没有金钱，没有事业，没有家庭，但是万万不可以没有朋友！朋友是巨大的财富，女人拥有朋友更是她们的宝藏。许多时候，朋友之间的关心、帮助、体贴胜过兄弟姐妹，胜过夫妻。而且深厚的友情比爱情更隽永，更真挚，更持久。因此，女人一定要有自己的闺中密友。

那么什么是闺中密友呢？"闺"，不单单指闺阁、闺女、闺房的"闺"，还指一个女人在其漫长的一生中，只有同性之间才明白和理解的闺中情怀。女人在她的一生中，总会有那么一个或几个密友，哪怕她们历经风雨、子孙满堂，也不会妨碍其交往。闺中密友的情分，细细绵绵，悠悠长长，一辈子也诉说不尽。

真正的友谊是女人一生中最美好的东西，它摒弃了人世间的卑鄙与狡诈等丑恶的现象，而代之以思想情感的默契和支持，形成了为共同事业奋斗的力量。所以，女人在一生中必须交几个属于自己的闺中密友。只有交到了自己的闺中密友，你的心才会有人了解。

厚实的大城门上挂着一把沉重的巨锁，铁棒、钢锯都想打开这把锁，以显自己的神通。

"我这么粗大，坚强有力，纵使这把锁再坚固，我相信凭借我的力量，也能把它打开！"铁棒自以为很有办法，相信自己一定可以打开这把锁。可是它在那里努力了半天，一会儿撬，一会儿捶，一会儿砸，费了很大的力气，最后还是没有办法把门打开。

钢锯嘲笑它说："你这样是不行的，要懂得巧干，看我的！"只见它拉开架势，一会儿左锯锯，一会儿右拉拉，可是那把大锁依然丝毫未动。

就在它们两个垂头丧气的时候，一把毫不起眼的钥匙不声不响地出现了。

"要不我来试试吧？"小小的钥匙对两位气喘吁吁的

败将说。

"你?"铁棒和钢锯都不屑一顾地看着这个扁平弯曲着的小东西,然后异口同声地说:"看你这副弱不禁风的样子,我们都不行,你还能行吗?"

"我试试吧!"钥匙一边说,一边钻进锁孔,只见门锁"腾"地一下松动了,接着那把坚固的门锁就打开了。

"你是怎么做到的?"铁棒和钢锯不解地问道。

"因为我最懂它的心。"钥匙轻柔地回答。

闺中密友是我们真正的知心朋友,在我们感到孤独的时候,她们会给我们慰藉;在我们感到恐惧的时候,她们会增强我们的安全感;在我们渴望安静的时候,她们会给我们时间,让我们一个人保持安静,就像钥匙最懂锁的心一样,她们也最懂我们的心。

在现代人的生活中,往往不缺少朋友,不缺少饭局,但当饭局后自己仔细回味的时候才深刻地体会到,这些朋友不是有求于己就是志不同道不合之人,没有一个能说上知心话。而且随着女性逐渐走向成熟,很多时候,女人的时间会被家庭、爱人、孩子、工作等事情所占据,和朋友的联系会随之减少,一旦自己想找人说说心里话的时候,才发现自己已经好久没和这些朋友联系了。

友谊和爱情对女人来说,无论什么时候都是同等重要的。所以女人无论结了婚还是有了孩子,千万不要排斥掉自己从前的朋友,要保持自己从前和朋友们在一起时的情趣、爱好,保持自己的除了爱情以外的一切感情联系,这样你的生活才会更丰富、更完善，你才会得到友谊、爱情双丰收的结果。因此，女人应该给自己一定的时间和闺中密友相处。这样你的心里话才会找到述说的地方，你的生活才会更绚丽多彩，你的心理系统才会更强大，你的生活质量才会更高。

一般来说，女人需要以下几种类型的闺中密友：

同党型。不管给乐趣下什么样的定义，女人总是需要有人和她一起分享，这就是同党型闺中密友。女人可以和她一起逛街、做美容、喝咖啡、聊八卦……这给了女人一种享受生活轻松一面的方式。

慈母型。慈母型的闺中密友除了在参加约会时会提供女人最基本的陪伴外，更好地是她明白这样的游戏规则：你谈论你的孩子，我假装着迷得很，然后我们再交换彼此的角色。女人会很自然地被慈母式密友所吸引，因为她像母亲一样和蔼可亲。这类朋友是女人不可或缺的，因为她值得女人信任和依靠，包括她能在家庭生活方面给予女人不少指导，甚至包括夫妻间最隐秘的私生活部分。

知己型。知己型的闺中密友是女人最喜欢的朋友类型。佳佳从大学时代起就有这样一位密友，她很喜欢这位叫小双的好友的原因是："她认识我的时间很长，非常了解我。她总认为我是一流的。我可以毫不迟疑地告诉她任何事，决不担心会有苛刻刺耳的意见。我完全信任她。"每个女人全都需要一位"小双"，一个可以时常给自己肯定和赞扬的密友，这是女人保持自信的法宝。

闺中密友的友情细细绵绵、悠悠长长，一辈子也诉不尽、道不完。在很多时候，女人有了闺中密友，就有了抵抗人间冷

暖的厚度。无论快乐还是烦恼，都不再是一个人的事，好事加倍享受，忧愁也会减半。

女人要珍惜身边的闺中密友，她们会是你最好的倾诉者和倾听者。有时候，她们的观点会让你走出迷茫，看清楚自己所处的位置，给你以很大的帮助，成为你重新振作的力量源泉。那些闺中密友，会是女人一生的影子，无论你走得多远，回头一望，她们还跟在你的身后，给你力量和支持。

4. 自强的女人是最有魅力的

人们常说："女人是水做的"。一般情况下，人们大都认为，女人是弱者。但是在关键的时候，尤其是作为一个母亲时，人们时常又会发现女人坚强的一面。

有人赞美女人是天仙，他们看到的是白领女性柔弱、美丽、善良的魅力；有人称颂白领女性是女神，他们看到的则是白领女性坚强、能干、奋斗的力量。称仙也罢，称神也好，白领女性的伟大与美丽决不仅限于外表，她的内心潜在的一种热情会让人震撼，她的胸中涌动的一种精神会让人敬仰。

一个白领女性，她所具有的特殊的性格，会造就独特的魅力，这种魅力会使她区别于其他人，独树一帜。这种性格通过言行举止、衣着装扮表现出来，就会形成一种气质，一种风度，它会帮助白领女性在人群中自然而然地凸显自己，为人们所认识；同时，在无形之中也会对别人产生某种影响力，激发别人的信心和兴趣。

白领女性的坚强来自于她们能把自身所具有的聪明与灵性、勤奋与追求调动出来；来自于她们善于独自思考，而且不甘平庸，勇于走自己的路。所以，精明强干的白领女性往往有着自己独特的行事作风和处事原则，能展示独特的个性，使别人了解自己，注意自己。这样，很有可能吸引到一大批的志同道合者，共建美好事业。从这个意义上说，白领女性的坚强无疑是一种力量，更是一种财富。

当今的世界，女英雄、女强人比比皆是，她们奋斗在社会舞台的方方面面，和男人平分秋色，大有巾帼不让须眉的豪迈。这样的女人，一改千百年来的"陪衬""附属品"的角色，不但掌握了独立的经济与自由的权力，还在掌握了自己命运的同时，赢得了男人的欣赏和尊重。

自强的女人是最有魅力的，她们知识丰富、有思想、有独立追求，对婚姻、家庭都有独特的看法，不容易受到古老的陈规旧习的左右。她们给婚姻、家庭以及道德观念带来的冲击力远远大于男人。

其实，现实的社会已赋予女人各种各样的角色——女儿、妻子、母亲和劳动者，这些角色同时也带给女人很多同男人一样的压力，她们不但要为生活而活，也要为自己而活。在这些多种角色中，许多女人已经变得坚强起来。

首先，是社会的多重角色让女人坚强起来。女人往往是家庭的主妇。做女儿时，为了能减轻母亲的家务负担，很小的时候就围着母亲忙前忙后；做妻子时，有条不紊地操持了小家

庭的全部生活；做母亲时，更是有着不可推卸的重任，从孩子的第一声啼哭直至自己生命的结束都在牵挂中度过。这种种的角色有别于男人，这种种的责任也练就了女人坚韧不拔的意志和朴实勤劳的本性。如果女人不劳作，家庭何以有序运转？如果家庭不有序运转，男人何以解除后顾之忧？如果家庭有了忧患，男人和女人又何以成就事业……这样地细数下去，女人便成为家庭和社会稳固的轴心，不可或缺。再柔弱的女人也要挑起家庭的重担，所以女人怎么能不坚强？

其次，是男人让女人坚强起来。如果男人能卸下女人的一部分重负，有些女人或许可以轻松一下；如果男人都给女人一个坚强的臂膀依靠，有些女人也不会硬挺着不要；如果男人都事业有成让生活衣食无忧，有些女人也不会选择超负荷的劳动或失去尊严的职业；如果男人忠于爱情，女人也不会从痛苦中艰难跋涉……在男人不做或做不了的时候，女人只能选择坚强地面对。

再次，是女人让自己选择坚强。女人除了为社会而生、为家庭而生以外，女人还要为自己而生。女人天生不是奴隶，也不是女皇，她应该有自己选择的生活空间。只有这样，女人才不失为一个生命来到世上一次。就像花儿曾经美丽过，鸟儿曾经自由过一样，女人也要为自己留下点什么，哪怕是小小的一点心愿、细微的一次感动、寻常的一个习惯也好，至少女人还记得自己的存在、自己的价值。而且女人选择了坚强的同时也减少了对自己的伤害。女人可以把苦难的日子当成是一种走向幸福的过程；女人可以把沉闷的家庭劳作当成是自我锻炼的选择；女人可以把对孩子的培养作为自己的奋斗目标之一；女人可以把负心的男人放下而当成是命运的一次玩笑；女人可以把所有的爱好和娱乐当成生活对自己的馈赠……女人只有在选择了坚强，选择了不依附别人（至少在精神上）的情况下，女人才会真正地体会到生活的乐趣，生活的阳光。

自强的女人有着与众不同的独立意识，有着自己的理想与追求，也有着丰富的知识与智慧，更有一颗坚强的心。她们不需要依附于任何人，她们一路走来，努力地工作，挥洒着自强、自爱、自立、自尊的激情。也正因如此，"努力工作的女人最美"才成为颇为流行的一句带有时代标签的宣传语。女人是否自强，已成了男人衡量与欣赏女人的一道必不可少的准则。在不同的时期社会对女人的价值与美丽有不同的评判标准，不同时期的女人在男人心中所处的地位也不同。在以前那种以女人外表形象作评判标准的社会里，女人作为一种陪衬角色而依附于男人。因为，那时的女人只能靠男人养活，也难免让男人有些瞧不起，更没有什么社会地位可言。在经过一系列的进步之后，女人才开始走进社会，协助男人共同支撑起一个家庭，这时的女人在男人心中才有了应有的位置。

自强让女人获得了尊敬，获得幸福。自强的女人了解她们自己是什么样的人，相信什么，了解自己在现实生活中所扮演的角色和潜在能力，以及将来要去承担的角色和要达到的目标。她们从经验中，或凭借着洞察力、反馈信息的判断力，不断学习和加深对自己的了解。总之，她们也是靠自己的智慧赢得了人们的尊敬。

所以说，自强自立是赢得男人欣赏与尊重的不二法门，也应该是一个女人生存的座右铭。在当今的社会中，自强的女人

所表现出的自信从容和为理想竞折腰的精神，焕发出的无比耀眼的光华，成为男人眼中无可匹敌的美丽形象。

5. 不要让男人左右了你的独立

说到女人的独立，人们就会想到一个高举红旗、坚决与男人进行抗争的女人形象。这种形象曾在全世界被广泛宣传，以至于不少人认为女人独立就是那个样子。实际上女人独立并不在于与男人的抗争中，而在于找准自己的位置。独立是一种很高的境界，它需要高素质的心态和全新的价值观。现代社会已很开放，制约女人独立并使女人在追求独立过程中吃尽苦头的是女人自己。

对女人来说，感情上的独立更为重要，因为男人是活在物质中，女人却活在感情里。女人的感情是无比神秘和无比丰富的诱人世界。女人感情上的独立是对自己的确认。当女人感情世界被别人支配时，这个女人就十分悲哀。女人可以在自己的感情世界里建立起一个美好的王国，当她自豪地感觉到自己是这个王国的女皇时，就会在现实生活中找到自信。女人感情独立还体现在她思想是受自己支配，而不是为别人盲目修改自己的行为。有个女人爱上了一个她感觉极好的男人，由于感觉太好，她想让其他女朋友分享她的感觉。于是她去征求她们意见，那些女人认为，这么好的男人一定会有很多女人追，将来很难说他能挡得住诱惑。分析的结论是这种男人没有安全感，不值得交往。于是她和这个男人分了手，但又长期痛苦。

女人感情上的动摇是一种不独立的表现。很多女人都像得了"预支恐惧症"，一接触男人就联想到将来可不可靠。越想越不对，明明现在有很好的感觉，一下子就恐惧了。其实生命的意义就在此时此刻的分分秒秒。如果你对一个人的感觉好，就应该跟他去共同营造更好的感觉，哪一天不好了，再与他分手也不迟。有些女人总认为恋爱就意味着必须结婚，假如中途分手就觉得丢人，多几次分手更是坐立不安，害怕别人议论，这是一种很傻的认识。现在的人各自都有自己的事，也有分手的烦恼，谁也没工夫来关注你的分手。所以女人不要傻，一定要学会在感情上独立，完全按自己的感觉来操作自己，就是有些小事发生也值得。

有一家很出名的时装公司，老板就是一个成功的女人，她不仅开着最新款的奔驰，还有很多社会头衔。令人深思的是，她最近告诉心理咨询师，她想自杀。这个公司的女老板多年一直在拼命追求女人的独立。表面看她也独立了，但正是这种独立剥夺了她作为女人的特性——她已不像女人。有些慕名求见的男人，在去见她的路上还迷情幻想，但出门时就像见了女张飞，只说她义气。她按竞争社会的需求来要求自己，结果令性别模糊，男人将她视为兄弟，女人称她为大姐。有不少这样的女拼搏者，都为追求独立而迷失了自己的性别。她们是痛苦的，当忍受不了这种痛苦时，就想自杀。但她们不会去自杀，她们已习惯错位思考，连自杀的念头也是错位和不真实的。她们会继续去拼搏，这是她们的价值之所在，不过她们永远不会

有幸福才是真的。

女人独立的目的不是消灭自己的本性,如果是这样,独立还有什么意义?当今社会已向女人提供了很多经济独立的机会,由于观念误差,不少女人对男人成功不服气。她们不懂男人的社会是竞争形成的,女人如果一定要在男人世界里去参与,就必须得付出比男人更多、更痛苦、更委屈、更压抑的代价。男女生理的差异是"上帝"最伟大最科学的设计,尊重这种差异是人性中最美的良知。有些荒谬理论家鼓吹女人像男人一样去拼搏,这其实是美丽的陷阱。女人超负荷运转去追求所谓的独立和价值,在过去可能会受人尊敬,现在或将来就会被人唾弃。

有工作的女人在经济上有独立感,这种感觉能使她们的感情有相对坚实的地基。但不少女人在经济上仍依赖男人,这些女人肯定觉得自己不独立,很苦恼。而不少挣钱男人的确很自傲,把女人视为自己的私有财产,甚至轻视女人。尽管没有社会工作,但她持家也是一种职业。如果男人在企业打工能有工资,那女人持家也应有报酬。以往总把家庭的生活费视为对女人的报酬,这是不对的。生活费只是一种家庭必需的成本,它没有在经济上体现持家女人的价值。关心和尊重女人不是一句空话,男人应主动量化女人持家的价值,并愉快地付给这笔象征着对女人价值尊重的工资。千万不要小看这个程序,这是女人走向独立的关键。女人有这种独立感才会有尊严。男人在有尊严的女人面前才会有在乎。过去的男女关系总被遮掩在虚伪的虚情假意里面,男女经济关系的含糊,使男女相处的质量不高,不仅不能获得两性畅快和透明的愉悦,也很容易产生矛盾和变心。女人如果缺少独立感,整个人十分灰色,男人对这种女人不会有长久好感,迟早都有可能会背叛。

总之,独立的女人有独立的人格。在经济上不依靠任何人,因为她懂得坚实的经济基础是维护自我尊严的必需。在感情上能自我做主,知道自己要什么,不要什么。通过个人与经济的独立,她享受着成就的满足感。在感情的世界里,独立的女人再也不会是某个男人的附属品,她们所追求的是自我的价值与目标。虽然都想拥有一个幸福快乐的家庭,但也不会再为不爱自己的男人去流泪,也不会因为男人的承诺而用一生去等待,她只相信自己,让自己做一个完完全全独立的女人。

6. 夫妻之间要有自己的独立空间

许多婚姻方面的专家认为,如果你真正爱对方的话,有时对一些特定的想法和感受反倒要秘而不宣,甚至要撒一点谎。

有一对老夫妻,结婚四十多年了,感情一直很好。丈夫老向外人夸奖妻子的蛋糕烤得好。有一天,一位邻居的主妇向老太太请教烤蛋糕的秘诀。老太太告诉了她一家蛋糕店的名字,说:"其实我的蛋糕都是从这家店里买的,只是我的先生并不知道。夫妻之间有时也需保留一些小秘密。"从此,这位邻居主妇的丈夫也逢人就夸妻子烤蛋糕

的手艺，两人的感情自然也比以前更融洽了。

那么，什么话该告诉你所爱的人、什么话不该告诉他（她）、什么时候才能告诉呢？对此有下列建议，你可以从中检验自己爱情和诚实的睿智。

不要指出配偶的一些无法补救的缺点。例如一位妻子的腿短些，她问丈夫："你是否希望我是个身高长腿的姑娘？"她说得不错。可她的丈夫如果照实回答肯定会伤她的心，因为身材矮小是天生的，无法补救。因而丈夫可以将事实修饰一番来满足妻子的愿望。他可以这样说："如果我想找个高个的，我早就和那样的女人结婚了。而实际上并非如此，我娶了你，我就爱你这样。"这样回答肯定会让妻子满意，因为丈夫强调了他更爱妻子具有的、比长腿更有意义的特质。

但是，对于一些可以改正的坏习惯或坏毛病，你应该告诉爱人，但要注意选择适当的时机和方式。不要当众指责他（她），这会伤他的自尊心，从而引起爱人的不满；不要在亲密的时候说，这样会破坏气氛，容易伤害感情；也不要在对方心情不好的时候说，这等于是火上浇油，只会使爱人心情更不好；不要在两个人激烈争吵的时候说，因为争吵时人最容易冲动，这时候指出对方的毛病，只会越吵越厉害。告诉对方缺点时，态度要诚恳，不要让对方以为你在挑爱人的刺儿，或者你看不起爱人；要让对方觉得你是在关心爱人、是把爱人当作一个亲密的人才说这些，而且要帮助爱人改正。

不要把已经过去的恋情告诉你的配偶。女人比较喜欢问"我是不是你最爱的人？"这类的问题。如果一位妻子问丈夫这个问题,而丈夫在她之前曾有一位恋人,他很爱她,但她由于车祸去世了,丈夫该不该告诉妻子这个事实呢?专家们认为,丈夫不应完全直说。因为这段感情已经过去,他妻子也不能改变这一现实,他说出心里话只会伤她的心。如果他不想撒谎,他可以说:"我现在最爱的人当然是你,你都已是我的妻子了。"他并没有撒谎,他过去的恋人已经去世了,在现在的人中他最爱的的确是这位妻子。

还有一些话,把它藏在你内心的深处,它使你感到内疚和压抑,你想把它告诉配偶。如果把这些话说出来,可以减轻你内心的负担,同时也不会给你的配偶造成心理压力,那么你不妨说出来;如果说出来,虽然能减轻你心里的痛苦,但也会给你的配偶带来负担,那你就权衡一下,看是不是值得这么做,是否会伤害夫妻感情。可是如果这些话你说出来了,既不能减轻你自己的负担,又会给配偶带来压力,那么你最好保持缄默。例如,丈夫在外边曾有过一段秘密恋情,现已结束,但他仍然深感内疚,他想把一切告诉妻子以求得其宽恕。可有的专家认为,丈夫最好独自承受这份精神负担,或是寻求心理医生的帮助,把负担分给妻子是不明智的,同时也是不公平的。

保密造成的隔阂令人痛心,但如果说明某事仅仅是为了减去自己的负担,而不管对配偶的影响,那么缄默可能是更负责任的表现。生活告诉我们,对那些"载入史册"的隐私,只要悔过自新,就没有必要"曝光"。

可见,问题不在于是否诚实,而在于诚实的时间和方式,以及怎样做才最能表达你对配偶的爱。

其实,夫妻之间存在点隐私,各自在心灵的某一处保留

一片绿洲，使夫妻关系保留一点神秘感，更能增加彼此的吸引力，使婚姻更幸福、更美满。

通常，人们认为女性更容易保留隐私。在夫妻关系中，妻子固然会有不少隐私，不愿向丈夫透露；而丈夫也有自己的秘密，是属于女性莫问的范围。

丈夫通常对妻子隐瞒自己的秘密。这些秘密，往往是那些足以损害他们大丈夫形象的事情。以下就是丈夫们认为有损他们男子汉形象，不能向妻子承认的"真话"。

关于对事业和工作所产生的焦虑。绝大多数男性，都以事业和工作上的成就作为个人形象评价的标准。因此，在妻子面前他们只夸耀自己事业上的成就。但是，私下里，他们对自己的本领并不如表面上所炫耀的那么信心十足。他们经常怀着一种恐惧感，生怕自己的表现不如他人，但是这种恐惧感，他们绝不会向妻子透露，以免损害自己的男子汉形象。

其实，这种隐瞒是没有必要的。据调查，大多数已婚妇女承认，她们希望丈夫能告诉自己在工作中遇到的麻烦、事业上的不顺心甚至失败，她们愿意分担丈夫对事业的担忧和恐惧。

她们并不认为这有损他们的男子汉形象；相反，对于他们敢于承认失败，妻子们认为这是一种有勇气的表现。同时，她们认为能为丈夫分担忧愁是两人亲密关系的一种表现，更能促进婚姻美满。

在语言表达能力和对事物反应方面。一般来说，男人灵敏迅速的程度较女人略逊一筹。在这方面，丈夫们经常受到威胁，但他们却不愿妻子知道自己的短处。他们护短的手法是沉默寡言。除非他们对于某些事物有足够的认识，否则就不会随便开口,言必有中是他们的藏拙武器。

经常听到有的妻子说:"我家那位虽然话不多,可很有见地,一句能顶十句。"如果她知道了丈夫"话不多"的真正原因以及在说出"能顶十句"的一句前要经过多么痛苦的思索,她恐怕不会再用"很有见地"来评价了。

所以,"沉默是金"和"好男不与女斗"这些话,肯定是男人们想出来的。

对情绪方面依赖性的隐瞒。有的男人尽管外表一副铁汉本色,其实情感相当脆弱,在情绪方面依赖性极强。不过,丈夫大多数不愿意让妻子知道这种弱点,因此,他们在情感和情绪方面都故意表现出冷漠,不轻易表达内心真实的感受,以免暴露弱点。对这一点,妻子们有不同的评价。

有的妻子认为,男人就应该像男人,"男儿有泪不轻弹",这才是英雄本色。更何况,妻子们把丈夫看作是自己终生的依靠,当然希望丈夫是个坚强的汉子,为自己遮风挡雨,提供避风的港湾。

有的妻子却不这么想。她们认为丈夫向妻子表达他们的情绪和感受是很正常的,也是必要的。这不会使她们觉得丈夫软弱,不会损害丈夫的形象。丈夫在妻子面前自然地流露出自己的喜怒哀乐,会让妻子觉得丈夫是有血有肉的真男儿,会让妻子了解到"男人更需要关怀"。台湾一位著名女作家在谈到她丈夫时说:"爱他,只是因为透过一切外表掩盖的东西,看出他不过是一个孩子,一个需要有人疼的孩子。"可见,有时丈夫在妻子面前流露出自己的情感,让妻子知道自己也需要关怀,并不会让妻子看不起,反而会使妻子更爱他、更疼他。

隐瞒非分之想。有的男人会对妻子以外的女人加以特殊关注。当然，这种非分之想只能暗藏心底，绝不会坦然表露，更不想让妻子知道。

　　可惜丈夫竭力想隐瞒的东西，妻子早就知道了，所以她们时时盯牢丈夫，以免他拈花惹草，同时心里也在暗暗叹息：为什么男人总是这么花心呢？英国唯美派诗人王尔德在他的《理想丈夫》一书中，透过一个女人的口气说道："男人一旦爱上了一个女人，肯为她做出他可能做到的任何事，除了一样，就是不肯爱她到永恒。"

　　其实，男人不仅在对妻子的感情上不能集中全副精神，他们无论做什么事都不容易全神贯注。譬如，边吃饭边看报，对他们来说绝非难事。同时兼顾几件事，这是他们的专长，吃饭、看报同时进行，还算小意思，有些男人就有边看电视足球赛的转播，边剪脚趾甲，又边听收音机播放的相声节目，还偶尔会心一笑。

　　由此可知，注意妻子以外的女人，说穿了，是他们"同时进行数件事"的癖性使然。所以妻子也无需太介意，只要没有越轨行为出现就可以原谅。

　　隐瞒对性能力的担忧。当男性对自己的性能力是否令对方感到满足而忐忑不安时，他们绝不会告诉妻子，因为他们认为承认自己在性方面的无能，是最丢面子的事，是最没男子汉气概的表现。因此，作为妻子也不要在这方面去刨根问底，更不要在这方面讽刺、挖苦丈夫。

　　正如一位外国心理学家指出：忠诚于一个人，就要求做到谨慎、得体、保护、慈善、克制和敏感，这种要求比只是"告知真相"的简单原则不知要复杂多少。但另一方面，谎话和秘密容易加大夫妻间的距离，使夫妻之间产生隔阂。因此，在处理夫妻关系问题上，最重要的一点是把握好"度"，夫妻间应做到既有适当的"透明度"，又有适当"隐秘区"，这样才能使夫妻关系保留一点神秘感，增加双方的吸引力。

7. 事业是女人独立的基石

  人们常说："自信的女人最漂亮。"那么女人怎么才能使自己更加自信呢？那就是拥有一份事业，而且能把每周的五个工作日做得圆圆满满，同时还要有点不断进取的事业心。有工作、有事业心的女人才会更加自信，充满活力，才会有充实感。

  家和事业可以缔造一个完美好强的女人。现代社会中，有知识、有智慧的聪明女人们，平衡于事业与家庭之间，用全副精神来打理事业，用满腔热忱去经营事业。事业让聪明女人一直处于潮流先锋，心态永远年轻。

  聪明的女人懂得女人也应有自己的事业和人生，自己的人生不能在男人的怀抱里度过，更不能为了一个男人而活，还可以有自己的下一站，还可以选择。

  但是，有些笨女人却不这么想，他们只图安逸的生活，不再追求事业的发展，直到有一天发现自己是错误的时候才如梦初醒。

一个女人是某著名高校中文系的硕士生，在临近硕士毕业时，她结束了长达五年的爱情长跑，接受了先生的求婚。到该找工作的时候，她也和其他同学一样开始做简历、挤招聘会。当时她以为凭着硕士文凭和在报社、电视台实习的经历，一定能找到一份如意的工作。谁知道一跳进人才市场的海洋里，她就发现情况和她想象的大不一样。

周围的不少朋友劝她："何必辛苦呢？你老公留学归来，又是工科博士，那么多单位开价都是一万两万的。你干脆不工作，在家写点小文章，赚点小钱，悠然自得不好吗？"于是她把档案往人才市场一放，选择了不工作。

可当最初的兴奋一过，才发现这样的生活过得并不美好，先生每天去上班时，她还在睡大觉，中午一个人在家随便吃点将就着，一整天就在家里穿着睡衣到处晃悠。于是她开始觉得失落、觉得不快乐，渐渐地脾气越来越坏，动不动就发火。

深夜梦醒的时候，她不断地追问自己：这真的是我想要的生活吗？答案是：不。我想去工作，不是因为别的，而是需要。

于是，趁着先生到北京去发展的机会，她也开始像一个应届毕业生一样，又开始了在上海的求职之路。终于，她在一家报社找到了一份做编辑的工作，尽管工资不高，却让她觉得很踏实。她说："在这个人才济济的城市里，我看到了太多优秀的女人怎样在生活。如果你问我，现在累吗？的确有点累，但我很满意。现在，见到我的朋友总说我比以前更有神采了。"

女人喜欢有人可以依靠，但这不是逃避独立的理由。只有善于驾驭自我命运的女人，才是最幸福、最聪明的女人。

还有这样一个故事：

有个女人不愿意工作，最后只好当了乞丐。她每天祷告，希望奇迹能降临到自己身上。一天，当她祷告完毕时，发现有个白发老人站在眼前。老人告诉乞丐，上帝可以实现她的三个愿望。

她毫不犹豫地许下了第一个愿望：变成一个有钱人。刹那间，她就置身于一座豪华的大宅院中，身边有无数的珍宝，终其一生也享用不尽。

女人又许下了第二个愿望：希望自己变得年轻漂亮。果然，她立刻变成了一个漂亮的美人。

接着，她许下了第三个愿望：一辈子都不需要工作，更不要事业。

老人点头答应了，姑娘又变回了原来的样子。

女人不解："这是为什么？"

一个声音从天际传来："事业是上帝给你的最大祝福，你怎么能不要事业呢？如果你整天什么都不做，想一想，那是一件很可怕的事，只有投入事业，你才有可能变得年轻、美丽和富有,你的生命才有活力。现在你把上帝给你的最大恩赐扔掉了,当然一无所有了!"

这个故事告诉我们,女人的生命价值,从根本上来说就在于女人事业方面的成功和成就。古今中外,任何一个值得尊敬的人都是用辛勤的工作来换取事业的成功的。事业不仅是为了满足女人生存的需要,同时也是体现个人价值的需要。

因为事业,女人变得自信;因为事业,女人才可以为自己量身定做属于自己的那份独特;因为事业,女人不会追着满街的流行元素而盲目随波逐流;因为事业,女人才不会为脸上小小的斑点而耿耿于怀,才可以素面朝天地向世人展示自然的美丽时做到神情自若……有事业的女人是最美丽的。不是因为鼓起来的腰包或者名片上美丽的头衔,而是那种专注和执着的美丽。

女人要靠自己活着,而且必须靠自己活着,这是女人立足社会的根本基础,也是形成自身"生存支援系统"的基石,因为缺乏独立自主个性和自立能力的人,就像藤一样,没有了参天大树可供攀附,便不能向上生长,而只能蜷伏于地面。

第三章 有个性，
内心强大到做自己

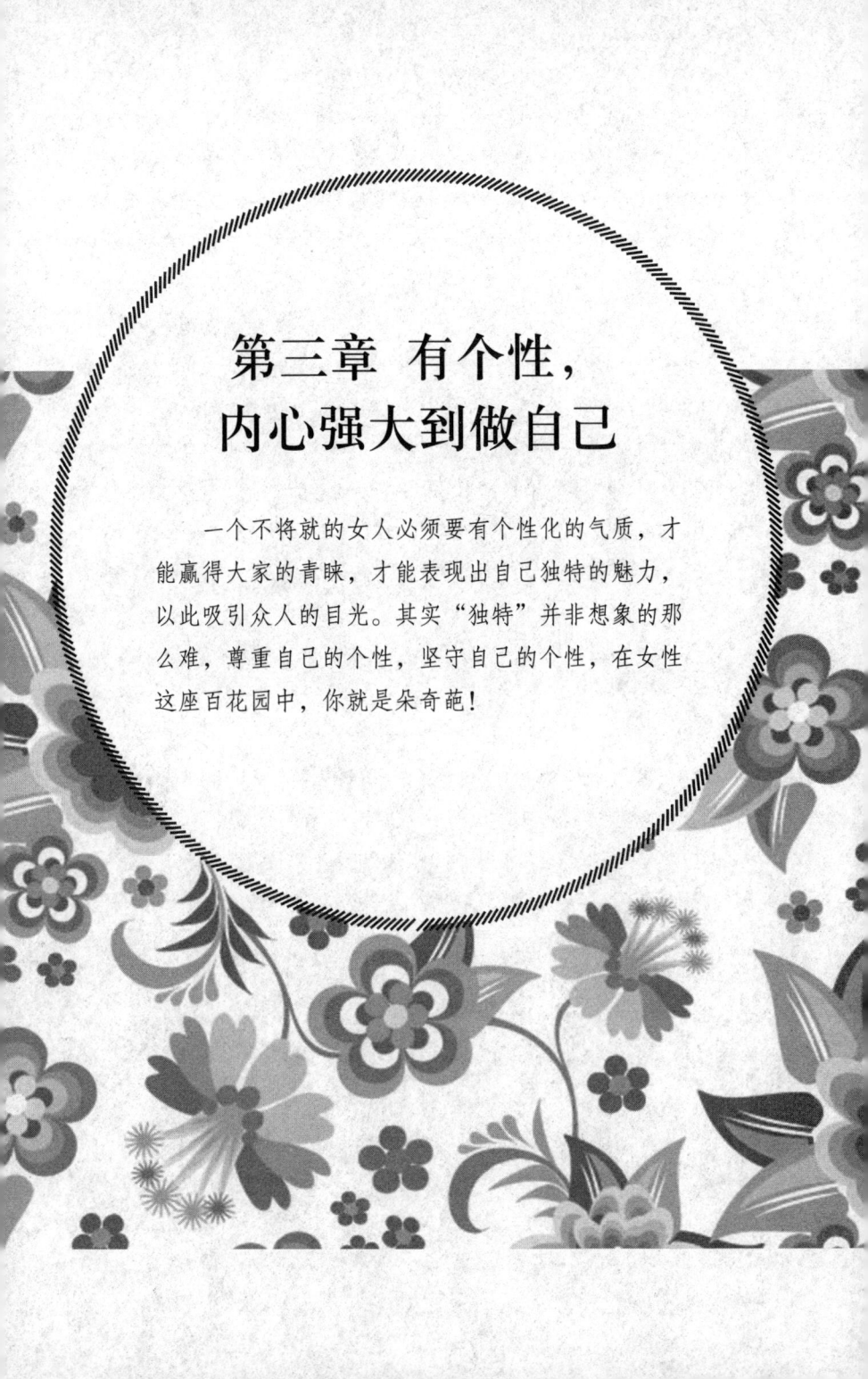

一个不将就的女人必须要有个性化的气质，才能赢得大家的青睐，才能表现出自己独特的魅力，以此吸引众人的目光。其实"独特"并非想象的那么难，尊重自己的个性，坚守自己的个性，在女性这座百花园中，你就是朵奇葩！

1. 女人应该保持自己的本色

一个人的个性应该像岩石一样坚固，因为所有的东西都建筑在它上面。所以说每个人都应该保持自己的本色。

"保持本色的问题，像历史一样的古老"，詹姆斯·高登·季尔基博士说，"也像人生一样的普遍。"不愿意保持本色，即是很多精神和心理问题的潜在原因。安吉罗·帕屈在幼儿教育方面，曾写过13本书，和数以千计的文章，他说："没有比那些想做其他人和除他自己以外其他东西的人更痛苦的了。"

在周围的人似乎没有一个符合你的标准时，那你就应该检查一下自己的尺度了。

在个人成功的经验之中，保持自我的本色以及自身的创造性去赢得一个新天地，是有意义的。

著名的威廉·詹姆斯，曾经谈过那些从来没有发现他们自己的人。他说一般人只发展了百分之十的潜在能力。"他具有各种各样的能力，却习惯性地不懂得怎么去利用。"

你和我有这样的能力，所以我们不应再浪费任何一秒钟，去忧虑我们不是其他人这一点。

在好莱坞尤其流行这种希望能做其他人的想法。山姆·伍德是好莱坞的知名导演之一。他说在他启发一些年轻的演员时所碰到的最头痛的问题就是这个：要让他们保持本色。他们都想做二流的拉娜·特纳，或者是三流的克拉克·盖博。"这一套观众已经受够了"山姆·伍德说，"最安全的做法是，要尽快丢开那些装腔作势的人。"

　　在人类历史上，你是独一无二的，应该为这一点而庆幸，应该尽量利用大自然所赋予你的一切。归根结底说起来，所有的艺术都带着一些自传体，你只能唱你自己的歌，你只能画你自己的画，你只能做一个由你的经验、你的环境和你的家庭所造成的你。不论情况怎样，你都是在创造一个自己的小花园；不论情况怎样，你都得在生命的交响乐中，演奏你自己的小乐器；无论是情况怎样，你都要在生命的沙漠上数清自己已走过的脚印。

　　卓别林开始拍电影的时候，那些电影导演都坚持要卓别林学当时非常有名的一个德国喜剧演员，可是卓别林直到创造出一套自己的表演方法之后，才开始成名。鲍勃·霍伯也有相同的经验。他多年来一直在演歌舞片，结果毫无成绩，一直到他发展出自己的笑话本事之后，才成名起来。威尔·罗吉斯在一个杂耍团里，不说话光表演抛绳技术，继续了好多年，最后才发现他在讲幽默笑话上有特殊的天分，他开始在耍绳表演的时候说话，才获得成功。

玛丽·玛格丽特·麦克布蕾刚进广播界的时候，想做一个爱尔兰喜剧学员。结果失败了。后来她发挥了她的本色，做一个从密苏里州来的、很平凡的乡下女孩子，结果成为纽约最受欢迎的广播明星。

金·奥特雷刚出道之时，想要改掉他得克萨斯的乡音，为像个城里的绅士，便自称为纽约人，结果大家都在背后耻笑。后来，他开始弹奏五弦琴，唱他的西部歌曲，开始了他那了不起的演艺生涯，成为全世界在电影和广播两方面最有名的西部歌星之一。

在每一个人的教育过程中，他一定会在某个时候发现，羡慕是无知的，模仿也就意味着自杀。

不论好坏，你都必须保持本色。

自己的所有能力是自然界的一种能力，除了它之外，没有人知道它能做出些什么，它能知道些什么，而这些是他必须去尝试获取的。

性格是一笔财富，生有一个可爱的性格，会使你一辈子受用无穷。

坚守自己的个性，在女性这座百花园中，你同样是朵奇葩！

世界上所有的珍贵东西，都是不可仿制的，是绝无仅有的。作为女性大家族中的你，也是这个世界上独一无二的。

你完全可以把巩俐、张惠妹当作心中的偶像，完全可以惊叹杨澜、张璨创造的惊人财富，但你千万不可对自己妄自菲薄，从心中小视了自己，尽管自己存在着这样那样的缺陷。

或许你的形象比不上巩俐的娇美，或许你的财富和杨澜比起来显得微不足道，但你大可不必东施效颦，自惭形秽，你的勤奋刻苦，你的自强不息，谁又能说不是人生的一大亮点呢？

世界上没有两片完全相同的叶子，即使你是双胞胎，姐妹俩在言谈举止等方面有诸多的相似之处，但在对你倾心的人心中，你依然是一枝独秀，是人世间任何一个"她"都无法比拟和取代的。

自古至今的一句老话叫"尺有所短，寸有所长"，想想真的很有道理。

她有她的优势，你有你的长处，没有太多的理由拿自己和她去对照，更没有通过自己的有意地对比而给自己心理造成某种压力的必要。

唐代大诗人李白曾说"天生我材必有用"。既然如此，人家是块金子能闪闪发光灿烂夺目，我是块煤炭就熊熊燃烧温暖世界。

个性就是特点，特点就是优势，优势就是力量，力量就是美。

为了模仿她人而削足适履，是愚者所为。

为了追随时尚而趋之若鹜，汇聚在一起的是成堆的商品而非艺术。

尊重自己的个性，坚守自己的个性，在女性这座百花园中，你同样是朵奇葩！

2. 用个性展示女性的独特魅力

你也许会以最漂亮、最新款式的衣服来装扮自己，并表现出最吸引人的态度。但是，只要你内心存有贪婪、妒忌、怨恨及自私。那么，你将永远无法吸引别人，却只能吸引和你同类的人。物以类聚，人以群分，因此，可以确定，被吸引到你身边来的，都是品格与你相同的人。

个性色彩强烈的女性，常具有一种震撼人心的魅力，这是因为她常能掀起心灵的风暴，从风度、气质上表达丰富的内心世界和深层的吸引力。她们大多具有很强的自尊心、自信心和进取心。她们大多能从本质上和微妙的情感意识上排斥传统女性所特有的脆弱性和依附性。她们并非排斥古典优雅的女性文化，但绝对排斥古典女性的意识水平。她们立志崛起现代女性的鲜明个性，展示当代女性的独特魅力。

个性是美丽的基础，能战胜自己才能赢得胜利。人格与独立的力量，是进行真正、有效美丽的基础。真正的美丽来自掌握自我。如果女性的动机、言语和行动，是来自人际关系的技巧（个性面），而非来自内在的核心（人性面），别人就会感受到那种不安全感或表里不一，女性就无法创造并维护自己的美丽形象。

下列三项人格特征对完美形象是相当重要的：

（1）正直。是一种自我价值观。女性如果清晰地确定自己的价值，每日积极主动地权衡轻重，排出优先顺序，并信守承诺，就能培养自知之明与美丽形象。如果不能付诸实施，所有承诺都将毫无意义。你心知肚明，别人也不是傻瓜，当别人感觉到你表里不一时，就会起戒心。

（2）成熟。成熟是兼顾勇气与美丽之后的产物。成熟的女人有勇气表达自己的感情和对美丽的看法，同时兼顾到他人的感情和信念。女人如果缺少成熟的心智和情绪上的力量，就会试图借助地位、权力、年龄、关系、资格等来影响别人。

勇气重在完美自己之上，体谅则重在长期的利益上。成熟美女的基本任务，就在于提高所有相关人士的生活品质和水准。

（3）丰富的心智。首先女性要有一个信念，美丽人人都有份。这种心智源于丰富的个人价值观和安全感。它主张所有人都应分享美丽和责任。它造就许多创造性的新机会，将个人的美丽和充实向外传达；相信积极的沟通、成长与发展，会带来无限的美丽机会。

特殊的个性，会造就一个人的独特魅力，这种魅力会使你有别于其他人，独树一帜。你的个性是通过言行举止、衣着打扮表现出来的，也可通过你独特的行事作风和处世原则表现出来，它会形成一种气质、一种风度。它会帮助你在人群中自然而然地凸现自己，为人们所认识；在无形之中也会对别人产生某种影响力，激发别人对你的信心和兴趣，你也可能因而吸引到一大批的志同道合者，共创美好的事业。从这些意义上讲，个性是一种力量，更是一种资产。

显而易见，你要推销自己，无论是去求职，还是在工作中让你的上司和同事接受你、重视你，都应力求创造出自己鲜明的个性。如果你是一个毫无特色与魅力的人，人们凭什么要接纳你、重视你、提拔你？只有凸显你的个性形象，进入人们的心目中，你在自我推销中才会取得成功。

个性包括许多方面，包括独有的气质、性格、特长等等。其实，每个人都有自己的特色和优势；只要善于发掘，加以塑造，你具有个性特色的自我形象就会显现出来。

许多女人深为资源不够分配所苦。她们将生活看成是一块固定的蛋糕，当别人拿走了一大块，自己的那份就少了。有这种心态的女人，很难与人分享赞美或声誉。她们对于别人的美丽，甚至家人或亲密朋友和伙伴的美丽，不能与其共荣焉。当别人得到特别的认同或成就时，就像是从她们身上割下一块肉似的。

正直、成熟、愿意与人共享的女人，势必拥有超出社交技巧之外的真诚。这种女人的人格魅力不断由内而外四处散发、传送。

具备高尚人格的美女，会学习管理生活中的每件事，比如时间、天赋、金钱、财物、关系、家庭，甚至自己的身体。她们知道，为了做完美女人，必须运用所有的资源。她们也希望能交出值得欣慰的答卷。

"施比受更有福"当女人们肯定别人，并坚信别人有成长与自我改善的能力时，当别人诅咒或批评她们、她们仍不以为然时，其实就已经培养了完美形象。

女性必须在人格和能力上下功夫，以塑造自我完美的形象。记住！若想改善一个计划，就先在规划者身上用心。创造美丽形象、魔鬼身材与个性风格的是人，美丽与风格只不过是女人的四肢和心智的延伸。

女人是美丽的天使，但是必须自己懂得珍爱，才能把美丽当作资源来开发。

3. 个性，女人的财富

个性是个很特殊的词，这个词与漂亮、好看等有着不少区别，它本身具有很丰富的含义，蕴涵着一种圣洁迷人的光环。作为女人，谁不希望自己是独特个性的"这一个"！

全面地了解自己的个性，并把握和完善它，个性也会成为女性成功的财富。女人的个性就像七彩的服装一样，各有不同，色彩斑斓。下面是10种不同女性的个性，认真比照一下，看看你属于哪一种"个性美女"？

（1）消费型

随着时代的快速发展，当今社会上出现了许多青春靓丽的公关小姐、女秘书或从事高级服务工作的女职员，她们用青春做赌注，利用自己的种种优越性拼命地挣钱，拼命地享乐。渐渐地，她们被称"逍遥消费型女性"。

她们常出入高级饭店、宾馆、购物场所，手里有大把大把的票子，喜欢无拘无束的生活。她们不考虑将来，不为未来而过于费神，要的是现在，只要今天快乐就行。不愿在紧张的工作与学习之余再给自己"添堵"。她们常常穿着奇装异服，追求高档次、高格调、高价格。这些女孩在恋爱过程中喜欢与自己有共同嗜好的男性或有强大经济实力的大款交往。

这样的女性，应该避免自以为是，要倾听友人的劝告，殊不知，再美的花朵也有凋谢的一天，不要等到梦醒时，才恍然大悟。

（2）畏首畏尾型

科技在不断发展，生活节奏的不断加快，但有些女性越来越缺乏自信，特别是走向社会后，发现自己柔弱得像株小草，经不起风吹雨打。特别是经历了几次挫折后，便决定循规蹈矩地做人，四平八稳地做事。表现为思前顾后，畏首畏尾，缺乏创意。她们喜欢穿洁净高雅的服装，生活上从不奢侈，喜欢做家务或做手工。这样的女性易于和知识层次较高的男性恋爱，不慕金钱，讲求人品、家境。

这样的女性，应忌滋长对他人的依赖意识，加强自信心和适应外界环境能力的培养。

（3）自我型

这样女性为了拥有一个更加辉煌灿烂的明天，她们不断地给自己提出更高的要求。为了使自己的所作所为被众人肯定，不惜花钱学习舞蹈或其他专修课程，甚至满怀野心地自己投资兴业，在有限的时间内，极力塑造理想的自我形象，提高自我地位。这样的女性自我意识很强，很难把别人看在眼里，常常用金钱和时间来充实自我，当然比一般女性更具魅力。这些女孩喜欢着装高贵、脱俗。她们喜欢和极富天才的男孩交朋友，恋爱充满了浪漫。

这样的女性，应忌人际关系艰涩，给人一种高处不胜寒的感觉，看不起弱者。

（4）保守型

此种女性总是想尽快成为一个真正女人为目的，在任何场所都守规矩，决不会给他人添麻烦，不说他人不爱听的话，很少和同事发生冲突，讲话礼貌、优雅。她们一般喜欢看人脸色行事，喜欢穿着十分平常的衣服，喜欢传统绘画作品和传统室内装饰，喜欢和自己性格相差较大的男性结合。

这样的女性，应忌缺少主张而听任摆布，做一个实实在在的自己。

（5）注重工作型

有些女性情愿牺牲自己的业余时间投入工作，虽然常遭到领导和同事的欺负，却每天仍卖命去工作并以此为荣。在性格上，不屑一切娱乐活动，并以工作忙来搪塞，终日不苟言笑。这样的女性穿着一般的制服，喜欢完美的男性，尤其是不惧危险而有魅力的男人。

这样的女性，应忌生活单一，缺乏情趣。

（6）光说不练型

这样的女性侃侃而谈海阔天空，是典型的"万事通"，她们善于在众多谈话者中占领发言的一席之地，喜欢随大流谈论时尚问题，好像每一件事情都能参与进去并拿出见解。她们有很多想做的事情，但每件事都做不成。她们只注重服装的款式和颜色。

这样的女性喜欢稳重坚强的男性，常常对异性充满兴趣并保持交往。应忌兴趣过于宽泛，广而不精，人云亦云。

（7）保值型

有这样一些女人，以保值为人生最大乐趣，把所有值钱的东西换成保值品如黄金等。性格高傲，固执己见，外人难以揣测其心理特征。这种女性感情不易更改，多穿着庄重。喜欢和衣着潇洒，风度翩翩的男性交往。

这种女性，应充实一些精神寄托。虽然人生没有钱是万万不行的，但是金钱不是万能的，世界上有许多比金钱更珍贵的东西。

（8）时髦型

这样的女性常用光彩华丽的服饰做包装。喜欢谈论高级装饰品、高级消费场所见所闻，以此展示自我魅力。张口时尚，闭口时尚，仿佛自己是个时尚大使。她们的眼睛追逐势利。喜欢与可以满足其虚荣心的男人交往，当然，以得到赠礼和物质享用为第一条件。

这样的女性，应忌一时冲动和贪图物质享受而留下终身遗憾；不要为此而失去了自我价值。

（9）无所谓型

这种女性如水中浮萍墙头草，凡事不抗争，听天由命。从性格上看比较随和，虽很精明但懒于实践。喜欢正统的直发，穿着衣服较为朴素，不希望任何事情给自己带来麻烦。喜欢比自己大的、各方面成熟有依靠的男性。

这种女性，忌为他人左右，缺乏自主性；谨记，怕麻烦可能麻烦更多。

（10）鹤立鸡群型

这样的女性善于不分场合地点展示自己的才能。她们自认为本身具有某种程度的素质与众不同。在聚会时，自我意识十分强烈。常常忘掉自我的位置总要高人一头。在性格上喜欢不断地丰富头脑，为的是能有更多的机会出风头。学习新事物的意愿强烈，但往往止于一知半解。喜欢穿时髦的款式和与众不同的服饰，喜欢正直、老实而有鉴赏力的男子。

这样的女性，不要做"半瓶子醋"和盲目地标新立异。

只有了解了自己的性格类型，并因此不断地完善自我，才能唱出气势磅礴的浩歌。

4. 做一位个性美女

世界上没有两片树叶是相同的，也不会有两个性格完全相同的人。每个人无论是外在还是思想，都有着千差万别，换句话说，也就是每个人都有自己独特的个性。

当然，相比共性来说，存在于一个人身上的个性元素还是稀少的，正因为稀少，才显得珍贵，才更吸引人，才更有独特的价值。所以，如今到处都在宣扬和倡导人们要做一位个性突出，自我鲜明的人。张扬个性，解放自我，是这个时代进步的标志，更是"个性美女"这个名词出现的基础。

个性是在时代精神、社会生活实践和自我意识的基础上派生的一种心理特征。由于每个人的心理素质、社会经历、家庭环境和文化素养的差别，在思想、情感、性格等方面，也随之形成了与众不同的特点，从而使自己的言行举止染上特殊色彩，并且成为一个完整、具体、现实社会的人。个人的这种稳定的心理特征的总和就叫作个性。哪怕是一个极小的细节，我们也能看出一个人的个性，个性是每个人的名片。作为女人，个性是不可缺少的一个美丽元素。

所谓的"个性美女"，是指那些身上散发着与众不同气质的女性，她们通常都是一些有特别的行为、爱好和习惯的人，在气质上或超凡脱俗，或狂野奔放；在为人处世上特立独行，在穿衣打扮上追求特殊、唯美甚至另类……总之，她所能吸引人的，让人称之为"个性美女"的必须是一些她特有的东西。

百般顺从、唯唯诺诺已不再是这个时代的魅力女人，魅力女人应该有自己的想法、个性和风采。即使是小鸟依人的女人，也应该有自己的个性天空。个性会使女人魅力四射，更加美丽迷人，更受他人青睐。

每个人都是一个独立的个体，个性表现了一个人的独特之处，有个性才会有魅力。

现在，演艺界不仅仅是俊男美女的天空，丑人、谐星、小角色也有展示自己演技的空间，也有受人欣赏的机会。

冷漠的表情、平板的面孔、另类的装扮、独特的想法、绝妙的构思也一样能够获得受众的青睐。人们都乐于展示真实的自己，表现原始的个性、未经修饰的好恶，呈现出另一种独特的魅力。

人们似乎厌倦了一成不变的思维模式，厌倦了单一的生活步调，大家都渴望着能够接触到新鲜的事物，呼吸新鲜的空气，获得前所未有的新感觉。所以，个性化已成为一种潮流，女人应该深入发掘自己的独特之处，抛弃传统的教条与肤浅的想法，展示属于自己的风采，塑造独特的个人魅力。

每个女人都希望自己能够自由、潇洒、快乐地生活。于是，女人的个性表现得越来越突出，她们总是根据自己的特点，去寻找恰当的表现形式，来获得属于自己的生活。

假如一个女人失去了个性，必然会变得与众人没有什么两样。

即使你的外表多么的动人，衣着多么的华贵，也只能是一个装饰用的"花瓶"，失去令人回味的空间，就像一壶泡了很久的茶，喝一口索然无味。

个性化的美，体现个性特征的现代女性形象，已成为一种不容逆转的潮流。置身于这样一种潮流中的你，应深入发掘自我独特的潜力，不能再像东施那样成为人们的笑柄，摆脱传统的审美观念，走出人云亦云的误区，以塑造毋庸置疑的个性魅力。

看看周围吧！有许多女人非常羡慕那些具有女人味的女人，看到她们光彩照人，每到一处都能产生"明星效应"，真是佩服至极。其实，这些女人背后的女人味都与个性有关，她们是在个性方面充分发挥了自己的特长，塑造自己完美的形象。

你遇到任何事情，都能坦荡大方，都能相信自己能够解决好，这就不像有的人遇到紧要的事，就会手忙脚乱，不知该怎么办，相比之下，你就具备了个性魅力；同样，有些人看上去美如天仙，但就是缺少那么一点文化品位，只能是肤浅地谈吐事理，这样就会让人觉得缺乏内涵，与许多漂亮的时髦女性没有什么区别，不免让人遗憾；相反你能恰当地融入谈话的氛围之中去，机智地表现自己的才能、智能和幽默，给人一种与众不同的感觉，具有很好的文化素养和睿智的谈话技巧，那么你的个性也就表现得淋漓尽致，让大家赞不绝口。这样的例子有很多，在这里，无法一一列举。但有一个基本思想就是：没有个性的女性，不可能成为一名真正的美丽佳人；只有具备了独特的精神气质，才能成为一名令人羡慕的美女子。

在生活中，有许多女性仅仅懂得从外表上打扮自己，穿戴得一身宝气，流光溢彩，但是并不能与那些有品位的女人相媲美。问题出在什么地方？就在于不懂得从培养自己的个性入手，而徒有其表了。事实上，对于一个女人来说，美丽并非全部属于外表，还属于独特的个性。因此，个性之美是现代女性突出自己形象特点的方法。

天生丽质的女人往往是最具有吸引力的，然而，随着交往的加深，了解的增多，真正能长久地吸引人的却是她的个性。因为个性里面蕴含着她独有的色彩。

流行是一种潮流，女人向来是这种潮流的追随者。

流行总是变化莫测，我们有时既寻不出它的来处，也摸不着它的去向。然而，个性化始终是流行浪潮的主题。抓住了个性化的发展趋势，也就抓住了流行的主要脉搏。

美女并没有固定的模式，不是千人一面，而是一个个女人个性美的展现。与众不同的想法，似乎自古就深得人心，西施的另类令同性嫉妒、令异性垂涎；林黛玉的耍小性令人倾倒，

令人为其命运的悲惨而惋惜，这一切当然都是因为她们具有个性化的美。

个性，是美的真正体现，是展示一个真正自我的方法。你就是你，你不是别人，别人也不会是你。

每一个人都是一个独立存在的个体，生来就和别人不一样。世界上60亿人口当中，每一个人都不一样，你没有必要硬把自己纳入什么模式当中。因此，适度表露自己的个性，是一种人性的解放，是一种理性的选择。

个性化的时代，就是人性的召唤，美的渴求。在这个时代里，人们乐于展露本来的自我，表现出原始的个性，未经修饰的好恶，呈现出另一种激动人心的魅力。

女人可以矜持，也可以狂野，更可以热情，这样的个性都是具有女人味的。在多元性的时代里，温柔贤淑的女人不再是好女人的唯一标准，个性丰富的女人一样受人宠爱。

个性美女的重点其实不在"美"上，即使个性美女的相貌平平，也会因为她独特的风采而吸引众人的眼球。况且，有人不是说过，世界上的女人都是美的，所以个性美女就是要美在个性，有了健康向上的个性可以说就有了美。

要做个性美女，就要有不同于大众的思想，崭新而独特的思维方式，让人惊讶而赞叹的行为，让女人愿意模仿的衣着打扮和处世习惯……

5. 打造你迷人的个性

每个人都有自己的个性。个性是一个人区别另一个人的标志之一。个性也会产生魅力。张扬个性，特别是把自己迷人的个性展示出来，是一个女人应该掌握的生活细节之一。

女性欲养成良好的个性，先天因素非常重要，但后天的培养也是不可缺少的，先天因素与后天培养如同事物的内外因，彼此互相制约、转化，女性如果能巧妙利用，将它们与你的个性人格"相映成趣"，相得益彰，那么就会起到事半功倍的效果。什么样的个性才算是好的个性呢？

（1）拥有自信的心态

上帝赋予我们每个人的外貌都是与生俱来的，如果天生丽质自然值得高兴，但如果不是那么尽如人意却也不必自暴自弃，因为除了亮丽的外表本身，我们还拥有一种发自内心的美丽，那就是自信的风采。

美国科学家曾经做过这样一个实验：他们找到一个14岁的丑女孩，然后让她身边所有的亲友和老师、同学都努力去赞美她，夸她是个美丽的天使，让她对自己越来越有信心，结果2年后奇迹出现了，女孩真的出落成了一个美貌的女子。这个女孩的"美貌"变化，全得益于她自信的心态。由此可见，自信对于一个女人的美丽来说是多么重要。

（2）拥有可人的外表

毫无疑问，让人心仪的女人一举手、一投足仿佛都包含无尽的个性魅力，叫人忍不住心驰神往。有这样一个年轻女子，虽然穿着一般，可仍掩饰不住她作为一个女人中的"独枝"的灵韵。说不出她有多美，她眼波一转，凝而不惑，美而不媚。所有的人仍然被她的美丽所震住，当然，她自恃内敛的举止未免有些过分，可你不得不承认含蓄本身就是处处通行的护照。只不过作为一个有个性的女人，仅外表漂亮是远远不够的。

（3）具有聪慧的才情

许多古代才女不但具有漂亮的外表，而且琴棋书画样样通晓，如蔡文姬、卓文君等等。现代个性女人也往往才华出众，如好莱坞明星沙朗·斯通。时代不需要那些只有脸蛋没有头脑的"花瓶"，不少光是长得好而头脑空空的女人，最后也许只能落得个被某大款当作"金丝鸟"包养的命运。

（4）拥有成熟的风韵。

很多人都认为女人只有年轻的时候才个性张扬，一过了30岁，就和"张扬"二字再也无缘了。然而现代社会中女人在经济上可以独立，比从前更注意释放自己，过了30岁后，反倒更具有女性的魅力。成熟的女性，虽然不如那些青春少女们年轻而富有活力，但她们却具有自己独到的韵味。她们会因其阅历丰富、因其圆融、因其感性和体贴而散发出无与伦比的光芒。

（5）富于浪漫的情调

一个女人，你会因其有个性而越看越美丽，反之则即使再漂亮也可能令人生厌。在所有可爱的性情里，要数浪漫的情调最具魅力了。

现代人的生活大都忙忙碌碌，生活的压力使得每个人都感觉有些郁闷，一个喜欢浪漫并善于制造浪漫的女人，不仅会使她的个性变得非常迷人，也能使人忘却她的真实年龄，从而缔造出美丽的情愫来。

如果你具有自信的心态、可人的外表、聪慧的才情、成熟的风韵、浪漫的情调，或者这其中的大多数优点，那么你就已经是一个完美的女人了。

在现实生活中，有的人以"个性是天生的""江山易改，禀性难移"来原谅自己或者宽恕自己，这是不正确的。其实，个人性格品质的形成，不但和先天因素有关，并且和后天的修炼有关，个性并非固定不变的，是随着一个人的阅历、所处的环境的变化而变化的。人的个性，不过是周围社会环境和社会实践的产物。

个性就是个人的生活、自我教育、不断修炼的产物。所以，注重个性方面的修养能够帮助女性塑造良好的个性品质，能够更好地开拓生活之路、开辟事业的天地，从而实现人生的价值。

我们每个人的个性、形象、人格都有其相应的潜在的创造性，我们完全没有三心二意的必要，而去一味嫉妒与猜测他人的优点。

在人生的成长过程中，每个人一定会在某个时候发现，羡慕是无知的，模仿也就意味着自杀。在提倡张扬个性的时代，作为女人，一定要懂得，你的个性将影响甚至决定你的一生。因此，作为女人，从一开始就要努力向好的个性方面转化。那么，怎样做才能叫女人拥有迷人的个性呢？

首先，你要对其他人的生活、工作表示出浓厚的关心和兴趣。每个人都认为自己是特别的个体，每个人都希望受人重视。这一点值得肯定，我们应该承认每个人的独特价值。如果你对他人表示了足够的关心，那人们必定会对你有所回报的，他们会说你"这个人真好，特别热情，特别会关心体贴人，是一个会爱的女人"，并会随时随地对别人说你的好处。

其次，健康、充满活力和具有丰富的想象力也会使你显得迷人可爱。大家都喜欢富有生气的阳光女人，而没有人会喜欢无精打采、死气沉沉的人。

轻松活泼的女人可以给周围人带来一股清新之气，周围的人和气氛也会因她的魅力而发生改变，相信人人都会因此而对你产生好感。

再次，要有容忍的气度，这是女人塑造完美个性的最重要一点。每个人都希望自己被人接纳，希望能够轻松愉快地与人相处，希望和能够接受自己的人在一起。那些嫉妒心很强的小气女人，一定不会受到周围人的欢迎和喜爱。所谓气度，就是不要让别人的行为合乎自己的准则，每一个人都会按照自己喜欢的方式来主宰自己的行为，而通常都会有一些行为是不合乎你的准则的。尤其是夫妻之间，做妻子的必须能够容纳丈夫的缺点，只有你的信任和爱，才能得到丈夫的信任和爱。相反，如果丈夫回家后，妻子只会无休止地唠叨和埋怨，换来的会是丈夫的唠叨或者是沉默，甚至会失去了他对你的耐心，彼此相互挑对方的毛病，恶性循环，从而导致感情的破裂。很多大企业老板在提拔他的员工的时候，会在提拔之前调查他的妻子，看他的妻子是否能够充分信任她的丈夫。

最后，要经常看到别人的优点，学会赞扬别人，这样可以使被夸奖的人感觉到你对他的关注，从而加深你在他心目中的地位。一个成熟的女人，不会停留在接受和忍耐别人的缺点上，她会随时看到别人的优点。每一个人身上都拥有着各自不同的优点，而你的魅力就是集合他们的优点在你自己的身上。只要你能够细心观察，并取别人的长处来弥补自己的不足，迷人的个性就不知不觉已经存在于你的身上了。

当遇到令你难以接受的事情发生时，需要用良好的素质和人格去进行冷静的抉择，要知道冲动莽撞只能使事情向反面发展，对解决问题不会起到任何积极作用。

人的素质，面对的是人格，而人格也正要求人们有相当高的素质。所以人们唯一的选择就是：培养素质，发挥素质，转化素质，最后形成一种完善的人格，从而走向成功的道路。

每个人都有自己独特的个性，或许它潜藏在你的性格之中，还没有被你所发掘，或许你已经掌握了自己的个性。

所以，你没有必要去一味嫉妒与猜测他人的优点，跟在别人后面邯郸学步。与其这样，还不如花点心思用于挖掘并完善自己的个性来得实在。通过总结成功经验得出：保持自我的本色以自身的创造性去赢得一个新天地是有意义的。你完全可以相信自己是最好的，虽然出色的女人很多，而你恰好就是其中之一，你的光芒不比任何人弱。在这个世界上你是独一无二的，应该以这一点而自豪，应该尽量利用大自然所赋予你的一切。归根结底，你只能演奏自己的人生乐章；只能控制自己的人生；只能做一个由你的经验、你的环境和你的家庭所造就的你。

不论是好是坏，你都是独一无二的，你在创造一个属于自己的独特天地，必须在生命的舞台上，或演主角或甘当配角，在人生的漫漫长路中一步步地走下去。

6. 喊出自己的声音

真正成功的人生，不在于成就的大小，而在于你是否努力地去实现自我，喊出属于自己的声音，走出属于自己的道路。

"走自己的路，让人们去说吧！"我们对但丁的这句名言并不陌生。可是，我们在生活中是否信奉它，实践它呢？

在人类历史上，你是独一无二的，应该为这一点而庆幸，应该尽量利用大自然所赋予你的一切。归根结底说起来，所有的艺术都带着一些自传性，你只能唱你自己的歌，你只能画你自己的画，你只能做一个由你的经验、你的环境和你的家庭所造成的你。

不论情况怎样，你都是在创造一个自己的小花园；不论情况怎样，你都得在生命的交响乐中，演奏你自己的小乐器；无论是情况怎样，你都要在生命的沙漠上数清自己已走过的脚印。

自古至今的一句老话叫"尺有所短，寸有所长"，想想真的很有道理。

她有她的优势，你有你的长处，没有太多的理由拿自己和她去对照,更没有通过自己的有意的对比而给自己心理造成某种压力的必要。

个性就是特点,特点就是优势,优势就是力量,力量就是美。为了模仿她人而削足适履,是愚者所为。为了追随时尚而趋之若鹜,汇聚在一起的是成堆的商品而非艺术。

贝多芬学拉小提琴时,技术并不高明,他宁可拉他自己作的曲子,也不肯做技巧上的改善,他的老师说他绝不是个当作曲家的料。

发表《进化论》的达尔文当年决定放弃行医时,遭到父亲的斥责:"你放着正经事不干,整天只管打猎、捉狗捉耗子的。"另外,达尔文在自传上透露:"小时候,所有的老师和长辈都认为我资质平庸,我与聪明是沾不上边的。"

爱因斯坦4岁才会说话,7岁才会认字。老师给他的评语是:"反应迟钝,不合群,满脑袋不切实际的幻想。"他曾遭到退学的命运。

牛顿在小学的成绩一团糟,曾被老师和同学称为"呆子"。

罗丹的父亲曾怨叹自己有个白痴儿子,在众人眼中,他曾是个前途无"亮"的学生,艺术学院考了三次还考不过去。他的叔叔曾绝望地说:孺子不可教也。

《战争与和平》的作者托尔斯泰读大学时因成绩太差而被动退学。老师认为他:"既没读书的头脑,又缺乏学习的兴趣。"

如果这些人不是"走自己的路",而是被别人的评论所左右,怎么能取得举世瞩目的成绩?

人生的成功自然包含有功成名就的意思，但是，这并不意味着你只有做出了举世无双的事业，才算得上成功。世界上永远没有绝对的第一。看过马拉多纳踢球的人，还想一身臭汗地在足球队里混吗？听过帕瓦罗蒂歌声的人，还想修炼美声唱法吗？其实，如果总是担心自己比不上别人，只想功成名就，那么世界上也就没有帕瓦罗蒂、马拉多纳这类人了。

俄国作家契诃夫说得好："有大狗，也有小狗。小狗不该因为大狗的存在而心慌意乱。所有的狗都应当叫，就让它们各自用自己的声音叫好了。"

所以说，真正成功的人生，不在于成就的大小，而在于你是否努力地去实现自我，喊出属于自己的声音，走出属于自己的道路。

7. 活出真我的风采

生活中，我们经常听到有人感叹："唉！活得真累！"其实，这个"累"主要不是指身体累，而是指精神累，指做人太难。老实做人吧，难免吃亏，被人轻视；表现出格吧，又引来责怪，遭受压制；甘愿瞎混吧，实在活得没劲；有所追求吧，每走一步都要加倍小心。家庭之间、同事之间、上下级之间、新老之间、男女之间……天晓得怎么会生出那么多是是非非。你这两天精神不振，有人就会猜测你是不是经常开夜车搞什么名堂；你和新来的女大学生有所接近，有人就会怀疑你居心不良；你到某领导办公室去了一趟，就会引起这样或那样的议论，猜疑你削尖脑袋往上爬；你说话直言不讳，人家必然感觉你骄傲自满，目中无人；如果你工作第一，不管其他，人家就会说你不是死心眼、太傻，就是有权欲、野心……此种飞短流长的议论和窃窃私语，可以说是无处不生、无孔不入。如果你的听觉、视觉尚未失灵，再有意无意地卷入某种漩涡，那你的大脑很快就会塞满乱七八糟的东西，弄得你头昏眼花、心乱如麻，岂能不累？

因此，查找"活得真累"的病源并不难，难的是根治太难，若要从外部原因上断根绝种不大可能。我们若想活得不累，活得痛快、潇洒，唯一切实可行的办法就是改变自己，不再相信"人言可畏"，不在意别人的说长道短，不在意别人的冷嘲热讽，不为别人而活，更不要失去自己心灵的自由活在别人的目光里，而是潇洒一点，活出自我个性，活出自我的真率。走你自己的路，让别人去说吧！

这就是特立独行，我行我素，不以别人的评价来确立自己的形象和价值。不论何时何地，也不论面对什么重要的人物，若有人对你轻视、否定、拒绝甚至是责骂，你都要切记罗斯福夫人说过的一句话："没有你的同意，无人能令你觉得卑贱。"强者不应任凭别人的意志阻挠自己前进的步伐。切勿让别人的评价扰乱了你的思绪，让你六神无主，无法实现自己的心愿。

有句格言叫"轻履者远行"，也就是人们常说的"丢掉包袱，轻装前进"。为了解除这种普遍存在的心理上的沉重负

担,做一个心灵自由、独立自主的人,我们应该好好地想一想:现代社会里,"人言"还真正可畏、一定可畏吗?所谓"人言可畏",只是你惧怕别人说三道四;如果你不惧怕,"人言"还有什么"可畏"的呢?由此可见,我们所面临的威胁和危险,看似是别人打来的明枪暗箭,实际上问题就出在我们自己的心理上或态度上,是自己威胁自己,自己吓唬自己。所以我们要昂首挺胸,堂堂正正地做人。任凭风吹浪打,坚定地走自己的路,按自己的心愿开创新生活,让别人去说吧,不要理会别人的冷嘲热讽,也不要因为一些外在的因素而放弃自己的人生目标。不要在乎别人说什么,要在乎的只是自己做什么,做得好不好。别人的冷嘲热讽算得了什么呢?这样坚持下去,最后必定能够如愿以偿。

许多人正是由于这种因循守旧的观念、害怕冒险的心理和随俗从众的习惯,才不知不觉中把自己的灵魂交给别人去掌握控制的。这种人的精神世界总是被无形的绳索捆绑着,或者说是被无形的牢笼囚禁着,成了自己心理上的奴隶和囚犯。他们做着他们一直厌烦的工作,生活在一个自己不喜欢的环境里,说一些自己不想说的话,以及只能或只会听命于别人的旨意行事。而这种心理上的奴隶形态,又怎能不让一个人经常感到"活得真累"呢?

这种心理上的奴隶往往带有各种并发症,如恐领导症、恐异性症、恐独自负责症、恐别人议论症、恐周末星期天无事可做症等等,甚至白白地受了人家的气也不敢有所表示,一味地生闷气,久而久之影响了身心健康。这一连串的"唯恐",就是内在的危险、无形的牢笼,就会使一个人谨小慎微地缩进自设的误区,给自我世界上一把"锁"。一个人压抑束缚了自己,并不能换来群体的发展和进步。我们只有摒弃别人会怎样想、怎样看的顾虑,才能树立自信、升华自我。每个"自我"都走出心理的误区,征服内在的危险,才能形成和发展坦诚相爱的人际关系。所以,要牢牢记住:你的最高仲裁者是你自己!不要把评判自己的权力交给别人!

属于你个人的事情,需要你独立自主地去看待、去选择。要获得自己的幸福,就不能按别人的曲子跳舞,要仔细倾听自己内心深处发出的声音。不管爱与死、情与病、志与趣、成与败……都是每个人在世上的杰作或拙作。怎样做人处世,这是每个人的"内政"和"主权"。凡属个人的事情,任何外人都无权干涉,不容侵犯;除非你触犯法律,损害他人。这就是说,我们要有一个明确的信念:谁是最高仲裁者?不是别人,而是你自己!这样想问题才能自信自爱,在心理上无拘无束,才能面对现实,接受挑战,做到歌德所说的"每个人都应该坚持走为自己开辟的道路,不被流言所吓倒,不受行时的观点所牵制"。

这里所说的不要顾虑别人怎么看、怎么说,主要是指一些本该由个人做主的事情,如恋爱、婚姻、职业选择、社会交往、兴趣爱好、生活方式等。通常情况下,思想开明、文化素质较高的人不大喜欢过问或干涉别人的事情。而那些热衷于窥视动静、说三道四的人,大都素质不高,水平不高,不会有什么真知灼见。然而在实际生活中,经常会遇到种种提醒、忠告、批评和责怪,凡事都会有几个不需要支付工资的"顾问""高参"甚至是有职衔的"权威"来指导你做出大小事情的决定。但是，当你认真听取某一个"指导者"的劝告之前，应当先想一想，他的所思所谈是不是值得你那样用心聆听而又必须服从呢？一个人总觉得自己的脑袋没有别人的灵，遇到难题也不去找确实有真才实学而又见解新颖的专家学者请教，反倒对那些仅仅知道事情的一点皮毛而又观念守旧、见解平庸的人物言听计从，或是害怕这些"顾问""指导者"对自己不满意而不得不"削足适履"，这难道不是一种很可悲的生活吗？

一旦你不能独立自主，那就会生活在别人的眼光里——总是顾虑别人会怎样看你，怎样说你。这是一种自我囚禁的思想牢笼，是一种具有破坏性的消极心态。要走出这个心理误区，从根本上讲就是要学会自信自爱、独立自主，强化积极的自我意识。就怎样抛弃"人言可畏"这个包袱来说，第一点就是要清醒地认识到所谓别人——那些喜欢说三道四的人并不是先知先觉，他们并不比你高明，比你正确。你没有必要在乎他们怎么看你和怎样说你。

的确，人能正确地认识自己、找到自己在社会生活中适当的位置，是很不容易的。因为，人们总爱拿自己的长处与别人的短处比，于是便认为自己比别人行，认为命运对自己不公平。越这样想，越容易好高骛远、不求上进。如果能常常把自己的短处与别人的长处比，认真想想如何取长补短，你就会有进步、有前途了。

所以，我们应该看到，人的水平和能力有大小之分，一个人最好是做他力所能及的事；另一方面，我们也要看到人的水平和能力不是天生的，也不是固定的，人是能通过努力和发奋来提高自己的能力和水平的。只要看看一些成功者的经历，我们就会明白他们曾怎样在社会的底层奋斗和成长。

　　一位诗人这样热情地劝告人们：如果你不能成为山顶上的高松，那就当棵山谷里的小树吧——但要当棵溪边最好的小树。如果你不能成为一棵大树，那就当一丛小灌木；如果你不能成为一丛小灌木，那就当一片小草地。如果你不能是一只香獐，那就当一条小鲈鱼——但要当湖里最活泼的小鲈鱼。我们不能全是船长，必须有人来当水手。

　　如果你不能成为大道，那就当一条小路。如果你不能成为太阳，那就当一颗星星。决定成败的不是你能量的大小——而是做一个最好的你。有许多事你都可以去做，有大事、有小事，但最重要的是身边的事。

　　大树有大树的伟岸，小草有小草的气节。我们无须借油彩渲染虚浮的门面，需要的是执着年轻的自我，面对瀚海长天，来也洒脱，去也洒脱。

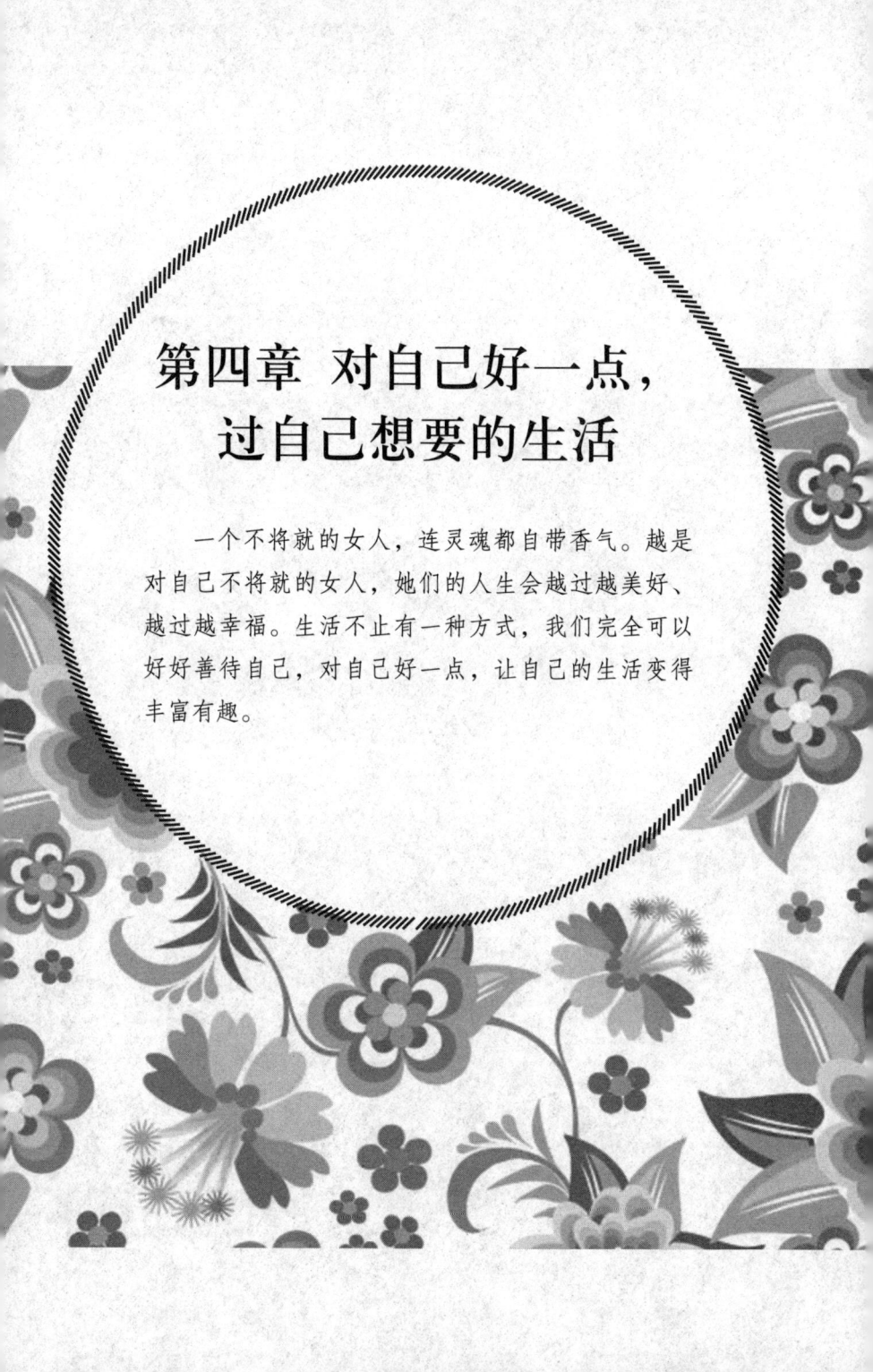

第四章 对自己好一点，过自己想要的生活

一个不将就的女人，连灵魂都自带香气。越是对自己不将就的女人，她们的人生会越过越美好、越过越幸福。生活不止有一种方式，我们完全可以好好善待自己，对自己好一点，让自己的生活变得丰富有趣。

1. 女人，应该为自己而活

女人，不管你的外表是否美丽，也不管你的心智是否聪明，都要凭着自己的心性去过自己想要的生活，要为自己活着。相信这句话，你不要去为任何人而活，包括你爱的人。你可以为他献出生命，但是你不能为他而活。

玉兰家境条件不好，兄妹又多，中师毕业后回到家乡当了一名教师，可是后来受人排挤离开了校园。离开校园的她不久就嫁给了一个大她三岁的男人，男人在外面做生意，一年也回不了几次家，后来她有了一个女儿，这使她在那个重男轻女的家里彻底失去了地位，婆婆对她的态度变得越来越恶劣。丈夫回家的次数也更少了，后来听说在外面有了外遇，要和她离婚。离婚后，她自己带着孩子很困难，别人都劝她再嫁个人吧，一个女人带个孩子不容易。可是她不同意，她怕"后爸"对孩子不好。自己凭着中师毕业的资格，在家办了个幼教班，收了几个学生，以维持生活。30岁的女人，看起来异常苍老，她常说："我这一辈子什么都没有，就指望我闺女了，要是没有她，我早就不活了。"

为了孩子，为了丈夫，女人留给自己的生活空间愈来愈小了。当然，不是说女人的奉献精神不好，而是女人在关爱孩子和丈夫的同时不要把自己给遗忘了，也要为自己而活，不要把一切的一切全部地投注到一个男人或孩子的身上。

生活中，我们常听一些女人感慨：好累呀！好烦呀！其实，你完全可以不烦不累的，问题是你要懂得如何生活，懂得为自己而活。没有什么比这来得更实在、更重要了。为自己而活就是要认真过好每一天，全力以赴地去做每一件事。

李一丹，一个很有个性的女人，自己开了一个行摄书吧。她的生活理念是，为自己而活，活得精彩。她说："我不是一个非常看重物质享受的女人，我更关注生活里每一点一滴的感动。因为对我来说，生活本身比一切东西都重要。我有一个以旅行和摄影为主题的书吧，我倡导的一个理念是热爱生活，我发现无论是旅行还是摄影，都是人对自然和美的向往和亲近。通过这样的方式会比较轻松，忘掉生活中的烦恼和琐碎的事情，让人开始关注生活的本身。"

每个人都是独立的，女人首先要为自己而活，把自己调整好了，自尊自强自爱，生活才会更有价值，这样的女人身上会散发出迷人的氛芳。作为独立的女人，平凡的人生并不意味着平淡，在适当的时间做一些适当的事，照样可以活得精彩。

（1）多读书，多思考。其好处到你25岁以后会逐渐显现。

知识才能改善命运，而老公只能改变你的生活，你可以是知识的主人，但你只是老公的配偶。

（2）争取考入一个起码二流的大学，当然一流最好。读大学的时候可不要错过一切可以自我表现和锻炼的机会。

（3）每天把自己打扮得漂亮可爱一点，投入地爱一次，大多数女人需要一次刻骨铭心地爱，这样可以尽早实现情感免疫，也可以为未来的日子留出更多理性的空间。

（4）如果你不打算做"丁克"，条件又允许的话，趁着父母亲身体尚好还可以做"兼职保姆"，抓紧时间生个孩子，这种结果对于一个重视正常流水线生活的女人来讲是有必要的。

（5）能不错过婚姻，最好不要错过。当然一旦错过，千万不要将就，找错人给你和他带来的伤害可能比不结婚还要大。结婚不是一件十分大不了的事情，如果是为了父母亲结婚的话，那就试着去爱你的老公，慢牛股虽然没有激情，至少不会狂起狂跌，免得你身心交瘁，疲惫不堪，但据说也有可能让你如坐针毡。

（6）要有几个红颜和蓝颜知己，红颜知己可以让你了解和放松自己，蓝颜知己有助于你了解男人和这个社会。

（7）学会跟已婚男人愉快而又不越轨的交流，同时也要学会拒绝的技巧。如果他离开，不要去追，就当他们是一片美丽的风景，但绝不需要你留下来做园丁，因为那里园丁已经很多了。

（8）超过25岁有男朋友的，如果没有什么大不了的矛盾最好不要考虑分手，尤其你还是个以结婚作为归宿的人。年龄越大，跟陌生人磨合的成本越高，不过，生活是自由的，单身有

单身的寂寞和快乐，结婚有结婚的苦恼和孤独，如果不考虑以婚姻为归宿，那你不必在意。

（9）如果你决定和你所爱的人结婚，不要在乎主动付出，做一个体贴的好老婆，能有人值得你付出的是你的幸福，也是婚姻漫长夜空中闪烁的礼花，有爱才有温存，有温存才有幸福。如果不幸没有找到这个人，你要知道自己在做什么并能为自己负责就可以了。

（10）过了28岁以后，要全力以赴自己的事业。这时候的你是最累的，既要是个好老婆，还要是个好员工，如果你很荣幸地成了企管中层，那恐怕你绝不担心减肥的事情了。也不是每个女人都有这种强烈的事业感，那至少你可以做一些自己喜好的事情，哪怕写点文章，琼瑶阿姨写的东西就卖了不少钱，也许你可以比她还强。不要只喜欢躺在沙发上看电视和吃零食。

（11）买一个自己的房子，可住可租。有机会不妨出国旅游，既放松又长见识。实在资金不足还可以骑自行车出去看看路上的风光，好心情是自己创造的。

（12）你也许太爱你的工作了，不过最好别爱上你的老板。

（13）一定要做一个独立的女人，在这个前提下，找个尊重你的好老公，毫无压力地做一只小乖猫。

（14）无论如何你都找不回从前的青春感受，看到周围的年轻人，只有两个字——羡慕。这时候的女人气质最重要，气质离不开内涵，感谢你曾经读过的书和奋斗自省、乐观付出的生活历程吧，气质是装不出来的。

（15）38岁以后的女人一定要有自己的事业，这个事业不一定是公司、生意，而是能让你的生活充实的，同时也能给别人带来或多或少快乐的活动。

（16）终于可以比较放松和安全地处理两性关系了，因为性别特征越来越不明显了，况且"臭鸡蛋"对你的关注力也下降了，除非你是公众人物。

（17）如果没结婚，还可以来一次恋爱。

（18）活到老，学到老，开心到老。

一个女人一生面对的事情太多，我们无法全部列举，同样生活赋予女人很多很多精彩。如果你想尽享其中的乐趣，就一定做一个独立的女人，一个经济上、感情上、心理上和能力上都能独立的女人。你要去学会享受生活，去感受每一缕阳光的温暖，去感受每一丝微风拂面，让你的生活丰富而充实，千万不要把自己变成一个整天围着老公团团转的小女人。

2. 一定要有自己的兴趣爱好

现代女性一般都有一份属于自己的工作，工作是让一个人稳定且有规律生活的保障，不应该放弃。有一份工作让你知道每天可以有什么地方去，有时候你会觉得受益于此。可是几乎所有人都讨厌自己的工作，正所谓"干一行厌一行"。要从别人口袋里赚来钱的事情总是有外人不知道的难言之处。

大部分女人下班后的生活其实相当乏味单调。往电视机或电脑前面一坐，时间哗哗地大段地溜走。只要一看电视，你就什么也干不了。这是一种懒惰的惯性，坐在沙发上，哪怕节目十分无聊幼稚，你也会不停地换台，不停地搜寻勉强可以一看的节目，按下关闭键显得那么困难。很多女人在工作以外都是这样的"沙发土豆"。黄金般的周末，多半也是在不愿意起床、懒得梳洗、不想出门中胡乱度过。同时，几乎所有人都在抱怨没有时间，真的有时间的时候又不知道该如何打发，只是习惯性地想到睡觉和"机械运动"——看电视、玩一款熟得不能再熟的电脑游戏，顺手就打开了。事后又觉得懊恼，心情愈加沉闷。

这就需要作为女人的你，在八小时以外，能够培养一种自己的趣味，在增长自己知识的同时提升自己的品位！闲暇时间说多不多，说少却也不少。为了打发时间，也应该培养一门高雅的兴趣爱好。

兴趣是一种人们喜好的情绪，不仅能够丰富人的心灵，而且还可以为枯燥的生活添加一些乐趣，同时还能借着它对社会有所贡献。所以，一个人只要为自己的兴趣去追求和努力，兴味盎然地去做一切事情，就能把生活点缀得更加美好。

人有各种各样的爱好，这完全依个人的兴趣而定，有高雅艺术方面的，也有在生活中形成的一些习惯。总之，自己喜欢做，又有一定追求价值的都可以算，当然，这里说的兴趣不包括吃零食、睡觉、看电视之类的。

还要特别记住，爱好只是一种乐趣而不是日常工作。爱好的事物都是喜欢的，只要喜欢就做，用不着担心是否可以完成。在过程中体验乐趣,这才是爱好的真正意义。比如说画画,不一定非得画得完完全全,不一定非得有什么主题,即兴发挥、兴趣所至就行。

业余爱好还有一个重要的心理辅助功能,那就是增强人的自信心。当你忙碌了一天,却因发现自己一事无成而很不开心时,不妨忘掉这些,马上投入到自己爱好的事情上,这时你会忘掉一天的烦恼,进入到享乐的情趣中,同时自信又会重新产生。爱好的事情常常都会做得非常好,因为是自己的特长,甚至有时一个人的爱好还可成为一种谋生手段,改变一个人的职业生涯。所以,当女人无所事事时,不妨发展自己的爱好,它可以帮助你减轻生活压力,同时带来无穷的乐趣。

拥有迷人的魅力是每个女人的梦想,因此,有成千上万的女性在寻找打造迷人魅力的秘诀。想要成为富有魅力的女人,不仅要注重外表的修饰和内在文化的修养,更应该重视自己的兴趣与爱好,只有这样才能长久地保持神秘感和对异性的吸引力。

试想,一个女人虽具有美若天仙的容貌,但如果没有一点自己爱好的东西,也没什么目标,整天默默无闻地跟在男人身后,没有自己的事情可做,那么,外表的美会变得非常脆弱,而她也没有什么魅力可言,任何有品位的男人都不会欣赏这样的女人。

晓颜今年20岁,长得清秀可人,并且还拥有魔鬼身材,见过她的男孩无一不对她爱慕倾心。在众多追求者当中,女孩看上了优秀的小辉,并且答应做他的女朋友。

"天有不测风云"，在他们交往还不到半年的时间，小辉突然提出要与她分手，晓颜向小辉询问分手的原因，他没有回答，只是默默地走开了。晓颜很伤心，但由于身边的追求者较多，很快又与一个叫李彬的男孩交往了，但交往了大概三个多月，李彬也向她提出了分手，这对于晓颜来说，无疑是一个晴天霹雳的打击，她不明白自己有如此靓丽的外貌，为什么小辉和李彬还会选择与她分手？难道自己就那么不讨人喜欢吗？她心中有着各种难以解开的疑问，于是又向李彬寻问分手的原因，李彬无奈地说："知道吗？我第一次见到你，就被你的外貌迷住了，我从未见过如此美丽的容貌，足以将人融化，令人为之心动。还记得当时的那个画面，温温的、暖暖的声音，还有你浓浓的柔情眼神，让我就这么陷了进去，无法自拔。但和你交往的这几个月以来，从来没有听你说过自己喜欢什么，对什么比较有兴趣，平时问你想要去哪里玩，你总是说无所谓，哪里都行。我一直都很喜欢有情调的女人，讨厌盲目的女人，晓颜，我们分手吧，你的没有主见让我窒息。"就这么几句话，他转身而去，没有任何的犹豫、任何的停留。

如果女孩有自己的主见，有自己的目标，有自己的爱好，或许他们会有美好的未来。但一切都晚了，是这种盲目使她的幸福从自己的手中偷偷溜走。可见，发展个人的兴趣与爱好对于女人来说有多么重要，它影响着一个女人独有的气质，甚至未来的幸福。

所以说，品位女人一定要有一种自己的兴趣爱好。那么，到底如何培养一份属于自己的爱好呢？

（1）培养一项高雅的爱好，认真地研究你的爱好，或许有一天，你的爱好会成为对你的职业有着莫大的帮助。有一门业余爱好，有的人甚至发展到了相当高的水平，有可能改变你的人生。

（2）请选择这样的爱好：音乐、绘画、雕塑、舞蹈、书法、围棋、国际象棋、鉴赏古物、品酒、桥牌、学习一门外语，等等。如果你有条件，最好请一位私人教师，你会发现一对一的学习效果令人吃惊。

（3）为了大脑的灵活，至少学会欣赏古典音乐。有位女士说有太阳的早上自己会放男高音帕瓦罗蒂的曲子，浑身充满了高昂的情绪；阴天的早上则放忧郁的日本音乐，这种哀愁像雪天里饮清酒。还有一位女士会在商务谈判时为客户播放贝多芬的音乐。这些难道不是很有创意吗？

3. 找个给自己买礼物的理由

享受爱人体贴的照顾是每个女人都非常乐意的，男友送的礼物即使是很普通的东西，也会让女人心里乐滋滋的，因为那是一种被爱的幸福。在男人看来，女人对于礼物总有千奇百怪的理由，在每个独特的节日或者纪念日，她们总是期待着收到礼物。男人常常会忘记这些，但是女人却很在意。生日的时候，如果男友能送上一件自己心仪已久的礼物，即便是在意料之中，也会欣喜不已；情人节的时候，男友如果忘记送上一件哪怕是很小的礼物，女人也许就会失落许多……

　　可是，礼物一定要等男人来送吗？如今新女性的回答是：不！让男人给自己送礼物不再是女人最向往的，现在，越来越多的女性开始更享受自己给自己买东西的乐趣。男人送的礼物珍贵在那一份情，礼物本身往往不是重点，特别是有的时候别人送来的礼物并不合乎自己的心意，但是又不好意思丢弃。而自己买的东西无疑更让女人感到舒心，不但可以更切合自己的需要，更是对自己的一种犒劳和奖赏，那份满足的感觉就像一个人坐在吹着海风的沙滩，看着蓝天与海水在天际处拥抱，无拘无束，自由自在。

　　　　张晶今年30岁了，是一家公司经理，单身。30岁生日那天，她收到了很多朋友发来的短信，后来也收到过一些朋友迟到的礼物，像香水、化妆品啊什么的。但这些礼物都没能抵消她取悦自己的欲望，于是很快她就给自己买了一架一万四千块的钢琴。她说，这份礼物可跟奢侈品不一样，那不仅仅是寻求稍纵即逝的快乐，而是开发自己的兴趣和潜能，让以后每一天的生活都有美妙的音乐相陪。后来她为了让自己工作更加便利和舒适，给自己又买了一台SONY最新款的笔记本电脑。她说，给自己买礼物的时候，她有一种很强烈的成就感。礼物本来就是拿来取悦于人的东西，当然可以拿来取悦自己，女人就应该知道如何让自己开心。

女人一定要善待自己，哪怕只有十块钱，也可以拿出其中的一元钱来满足自己，给自己买点东西。情人节的时候，为什么一定要等别人来送自己花呢？很多时候，希望带来的是更大的失望。还是自己买吧，只要两朵玫瑰或者百合，插在注满了清水的花瓶里，放在卧室或者办公桌前，闻着那淡淡的香味，快乐就是这么简单……女人要欣赏自己，要宠爱自己，如果向男人索宠太难，那就自己来买吧！买一份礼物给自己，自己宠自己一回。

王平是一位很时尚的女性，在一家公司工作，是典型的白领，有较高的收入和一个帅气又疼爱自己的男友。但是她不喜欢每天缠着男友给自己买东送西，而是喜欢自己给自己买礼物，情人节、三八节和自己的生日，她会给自己买一大堆礼物，有首饰、护肤品和最新款的服装；心情好，工作顺利的时候，她也会给自己买一堆礼物来犒劳自己……她的生活过得充实又有滋有味。王平说，女人要学会自己宠爱自己，记住什么时候都不要亏待自己，不要想着让男人给你买礼物，用自己的钱买自己喜欢的东西，是一件很舒心的事情。

这是一个聪明的女人，懂得如何让自己活得快乐。

女人要对自己好一些，不要介意用了一个月的工资去买一条MISS IXTY的裤子，也不要把自己的幸福寄托在别人身上。

等待而来的礼物就像是被恩赐的爱，总是会有失去的忧虑，而且如果总是想着要男友给自己送礼物，迟早也会让他感到厌烦。女人还是要学会宠爱自己，找个理由，送自己礼物，不用看别人的脸色，也没有赌气的危险，自己快快乐乐地买，快快乐乐地用，牢牢把握住幸福的主动权。宠爱自己就给自己买东西。

4. 家务不是女人生活的全部

现代女性生活的内容好像总是游走于公司与家庭之间，白天的时间全部给了工作，下班后还要在家庭中扮演重要的角色，生活得很累很辛苦。完全没有了自己的空间，自己也变得不快乐。如果因为纯粹追求一种物质上的生活而让身体变得乏累，是不是太得不偿失了？我们生活的目的又是什么呢？

没有什么人是真正乏味的人，每个人都有自己的爱好和兴趣，只是因为生活的压力，不得不压制自己的各种爱好。其实，生活本身完全可以过得丰富多彩的，所以要合理地安排工作与生活，试着放纵自己一下自己，你会发现你的生命将充满活力。

薇薇曾经是一个活泼开朗，浪漫多情的女孩。有很多爱好，喜欢旅游，喜欢交友，喜欢读书，可她又是一个为了爱情不要命的女子。大学毕业后，她原本准备考研究生，可是经不住男朋友的一句，"我们结婚吧，我爱你，也需要你。"她毫不犹豫地选择了爱的奉献，在家里做起了全职主妇。再后来，丈夫说要继续深造，她又一次做出牺牲，全心全意支持丈夫去读博士，她心甘情愿承揽了所有的家务，整天忙得昏天黑地，解除了丈夫的后顾之忧，独自一人承担着孩子的抚养与教育。

丈夫博士毕业后，随着两人工作生活环境的变化，两个人之间可以交流的东西越来越少。薇薇很迷惑，为什么自己付出这么多，老公怎么好像视而不见呢？终于有一天，老公说了一句话，让薇薇震惊了。老公说她简直就是一家庭妇女，整天就想着眼皮子底下那点鸡毛蒜皮的事情，很乏味。薇薇看着镜子中的自己，突然发现，自己刚刚30岁，对于一个女性来说，应该是一个最有魅力的年纪，而自己把自己搞得怎么像50岁的人。她问自己，为什么要活得这么辛苦呢？为什么现在变成了一个如此乏味，如此单调的人呢？难道为了家庭，就注定自己要做出牺牲，就注定自己不能有自己的爱好，注定自己不能有自己的一片天空吗？

后来，薇薇果断地做出了一个决定，迅速地给家里找了一个保姆，把公公婆婆叫来帮忙带孩子。她穿上职业装，出去找了一个很舒服的工作。工作之余，和朋友聚个会，聊聊天，时间充足，约上三朋五友去郊外搞个野炊，闹腾一番，没过多久，薇薇就容光焕发，好像换了一个人。很快，老公也发现了她的变化，生活又回到了从前的样子。

无论是夫妻也好，恋人也好，其物质基础是两个独立成熟的个体，两个人在一起，应该使两个人生活得更加独立、更加快乐，但这并不意味着原来独立的自我消失了。

因为，只有自我和自信的人才会真正享受美好的爱情婚姻生活。爱情中的双方本来就是两个交叉的圆，交叉的那部分是彼此分享的领域，可以让双方交流一些感兴趣的话题；未交叉的部分是给个体提供成长的空间，让各自保持个性，只有保留自己的个性空间，才能保持长久的吸引。

生活中不乏这样的例子，两个曾经相爱的男女，携手进入婚姻的殿堂。为了爱情，为了生活，女人牺牲自己的一切，不但要辛苦地工作，还承揽一切的家务，牺牲自己的爱好，竭尽全力让老公不为家里的事情担忧和困扰，无牵无挂地在外打拼。按理说，这应该是一个很幸福的家庭。可事实是，很多时候，当男性事业有成的时候，他们看似美满的家庭也要解体了。

大多数人可能会把原因归结到男人的负心上面。于是，就有了一句话"男人有钱就变坏。"可是，事实如此吗？婚姻和感情需要双方共同维护，这种维护不但是物质层面的努力，还包括精神的交流和沟通。男人在外面打拼，接触到的是一些比较新的事物，关注的很多东西与工作有关，而女人呢，生活的全部就是家务、老公和孩子，说来说去就是一些柴米油盐、穿衣吃饭的家务琐事。夫妻双方可以交流的话题越来越少，久而久之，家庭就会出现一些问题。

爱他，一定不要失去自我。要知道，他当时爱上你的时候，是因为你的个性，是因为你是一个很丰富的人，如果你为了他去改变自己，改变自己曾经吸引他的地方，磨灭自己的兴趣和爱好，那只会离他越来越远。

同时，生活中不是只有爱情，也不是把所有的家务做好，把孩子照顾好，就能美满幸福。丈夫重要，孩子重要，但重要的还是要享受生活。

5. 给自己一场说走就走的旅行

生活在城市中，我们的心灵似乎蒙上了一层厚厚的现代尘埃。它压抑着我们的情感，遮盖了我们的心灵，使我们常常迷失了自我。这时候，你是不是需要一个宣泄的舞台呢？

让心灵去外出旅行吧，找回原来真实的自我。让自然的空气净化我们的心灵，让自然的柔风细雨洗掉我们的尘埃。出门旅游给我们带来的不只是视觉上的享受、体力上的锻炼，更多的是一种健康的生活方式。

晓娜在北京一家公司做招标部主任，平时工作很累。连续加班几个月拿下了一个大项目，好不容易盼来了今年的休假，却不知道该怎么过才好。以前节假日要么加班，要么躲在家里睡觉看电视。晓娜的理论是，平时加班加点已经够忙了，放假了还不赶紧休息休息？几个死党却是忠实的"酷驴"一族，在死党的劝说下，晓娜终于背着包和她一起去了云南，决定来个徒步游。

穿行在云南的日子里，晓娜感觉走过的地方有太多震撼人心之处。初见玉龙雪山的惊喜，在泸沽湖所见过的最美的星空，丽江古城的醉人，虎跳峡的惊心动魄，滇藏之路的险象环生，梅里雪山的秀美雄伟，冬日澜沧江的翠绿，和顺侨乡的祥和，九龙瀑布的壮观，罗平田园风光的清新迷人，元阳梯田的目瞪口呆，抚仙湖的宁静清爽……风景的美丽，大自然带给人的感触，难以用言语来描绘。

最令人难以忘怀的，是沿途遇上的那些人和事。在德钦让晓娜她们搭便车的那个善良的藏族司机，泸沽湖畔衣着单薄的失学儿童，外表和内心一样美丽的傣族姑娘，西双版纳那些无私帮助她们的陌生人，让久居城市的晓娜内心深处有一种时时想泪流的冲动。晓娜感慨，这次的旅游经历让自己的生命更加完整。这才是健康的生活。

旅游之后，回到北京，一种压抑感随之而来。浑浊的空气，拥堵的交通，让晓娜快乐的心情完全的消失了。回想曾在旅游时的那种快乐，现在怎么不见了？晓娜迫不及待地给死党打电话商量，下次我们去哪里旅行？

男人总是说，女人的欲望是很难满足的。他们不知道，女人的欲望最简单，她们要的，只是一种心灵的放飞。

阿敏是个很感性的小女人。阿敏喜欢说，旅游是给心灵放风筝。感觉自己累了，就和男朋友出去旅游，每到一个景点，拍几张照片，把瞬间的美景连带二人世界的欢声笑语收入记忆的仓库。过些日子心灵疲倦时，再把积存的照片倒腾出来翻阅，让生活变得有滋有味。

　　最近去的九寨沟旅游就是一次心灵的放飞。九寨沟的风情太迷人了。似乎总有一首无言的歌在心头激荡，阿敏真想拥抱这片神圣的土地。九寨沟那著名的"海子"，如人间琼池一般，"海子"的澄澈、玉质般的情怀是那样的令人为之陶醉，为之忘情。依偎在男朋友的怀里，她觉得十分满足。阿敏想，爱情有了这种感觉，就足够了。

　　受到美丽的大自然的感染，心情也如山般葱茏，流水般清澈。从九寨沟回来后，那种美好的心情久久没有消退，阿敏的整个人似乎仍被一座座群山拥抱着，被千万个"海子"抚慰着。虽然天气闷热，但阿敏的心境却一片清凉，有郁郁的树林，有潺潺流水，有鸟儿在歌唱，罕有的惬意，长此以来喧腾的心灵也有了安顿。

　　旅游的日子里，阿敏不带相机，关掉手机，只为闭上眼睛，避开尘世的纷扰。理一理心灵中的荒秽，除掉功名利禄，除却一切世俗的烦忧，什么考博、职称，统统地去吧。任思绪信马由缰，去追寻古人的足迹，与他们做一次心灵对话。向庄子借一只大鹏，展翅翱翔，心随鹏飞，飞翔至天际，降至那青青绿草处；向陆游借一方扁舟，一叶飘然烟雨中。

　　此中快意，实不足为外人道也。

旅游的日子里，不用看电视，不用想着要买份当天的报纸来看看，不用关心布兰妮又找了新的男朋友没有，也没兴趣知道娱乐圈有什么新的绯闻，不担心男朋友会在中午用电话把自己从睡梦中吵醒。回来后，才知道原来这短短的两个多月，身旁发生了太大的变化：银行又减息了，油价升了又跌，布兰妮又离婚了，男朋友考博成功，如愿以偿……

阿敏淡然一笑。生活，那么美好。

人生就是一场旅行，不必在乎目的地，在乎的是沿途看到的风景，及看风景的心情。

6. 尝试下厨，做几个好菜

现代生活的忙碌使时尚女性们对厨艺变得生疏。她们每天流连于各种餐馆，美其名曰"外食族"。她们似乎遍尝美食，遗憾的是，健康状况却每况愈下。想改变这种情况吗？那就尝试下厨，做几个好菜吧。精妙的厨艺在烹煮出营养与健康的同时，也传承着生活的智慧。

"上得厅堂，下得厨房"不仅是许多职业女性的追求，也是男性理想中的完美女性。它意味女人不但在外面要是一个交际广泛、工作能力强的女性，回到家还能进入厨房做得一手好菜。

有些时尚女性，尤其是一些年轻女孩，生怕进了厨房会被油烟熏成黄脸婆。然而，只有传说中的仙女才不食人间烟火，既在凡世，哪有不沾半点油烟之理呢？

阿娇是位标准的大小姐，属于十指不沾阳春水的类型。她从来不逛菜市场，偶尔帮妈妈提着菜篮子，但见满眼都是菜叶、满是腥气的鱼、血淋淋的肉，她只想赶快"闪"，她想象不出那会变成青翠的小白菜、鲜美的清蒸鱼和丰美的牛肉萝卜煲。她是一个不谙厨艺的女子，她一直想不通色香味从何而来。

只是，生活通常不会这么理想，也不会简单。不会做菜的女人是不完美的，即使她很美丽。聪明高贵的男人可能会被她美丽的外表所打动，同样会被她的不食人间烟火吓走。安顿男人的胃，打动男人的心。

刘刚很早开始下海，在商场拼搏八九年，如今已拥有一家资产上亿元的集团公司。每天环绕在这位成功男士身边的美女如云，但他从来不搞"小蜜"，不泡"三陪"，每天晚饭前准时要赶回家里。因为他要回去喝老婆煲的汤。也不知太太在汤里放了什么灵丹妙药，总之，如果哪天没喝太太煲的汤，他就浑身不舒服。多年以来，他对太太的感情一如对太太煲的汤一样一往情深。

现在社会上很多男人流行不回家,女孩子流行"爱上一个不回家的人",只剩下太太在家里"寂寞让我如此美丽"。为什么老公不回家?恐怕餐桌上的原因不可小视。如果你做的饭菜老是不合他的胃口,甚至于还要等他系上围裙下厨房,那么他只好约上年轻漂亮女孩去酒楼吃大餐了。

生活其实很简单,不过就是一日三餐。一个女人,如果她喜欢下厨,她做的每一道菜都令老公吃得津津有味,这起码说明她疼爱老公、珍惜家庭、热爱生活,她的爱情生活,也必定是幸福的。

生活就是炒菜做饭。女人的贤惠,最基本的不外乎操持家务,把家收拾得干干净净、清清爽爽的,再加上会做一手好菜。有句老话说的是,要留住男人的心,先留住男人的胃,其实不无道理。男人通常喜欢吃,但又懒得花心思,所以有个会做饭的老婆,男人通常会当宝贝一样珍惜。

会做饭,而且能做出一桌可口饭菜的女人,才可能是一个充满女人味的女人。

做饭能令女人更加美丽。试想,一个饭都不会做的女人,营养会很好吗?营养不好是要被饿得皮包骨的,估计抹上胭脂也得往下掉吧。这是外在美,内在美也一样,做饭体现了一个女人的内在素质和干练,甚至可以说不会做饭的女人不是一个完整的女人!

这种观点并非大男子主义,要知道,就连日理万机的"铁娘子"撒切尔夫人?当年也曾以热衷于下厨而被传为美谈。

做菜不只是一个生活技能,更是一种生活态度。女人应该用做菜的态度对待生活,追逐生活色香味美。试想当我们把做菜当成一种有创意的工作，甚至一种艺术创作，当家人和朋友们分享你做的美味时，看着他们满足的神情，你一定会由衷地体会到生活的美好。

7. 买自己想要的东西

又一个周末，李璇无所事事地待在家里上网打发时间。男朋友出差了，她已经不习惯一个人逛街。看着姐姐漂漂亮亮地出门，大包大包的袋子提回家，给自己买了条漂亮的水晶项链和银耳环，还有一些漂亮的衣服，心里不免酸酸的。以为姐姐给自己也买了东西，结果姐姐回了一句："刚才叫你怎么不去，自己赚钱自己买去。"

是啊，两个人的工资水平差不多，为什么不能像姐姐一样打扮得漂漂亮亮出门逛大街？自己挣的工资，爽爽快快拿出一部分买自己想要的东西，有什么不可以呢？看着姐姐在穿衣镜前得意的样子，李璇明白了，谁说需要了才能买东西，女人，就是在购物中享受生活。

就像男人抽烟、玩游戏一样，女人购物其实也是享受生活、放松心情，或是发泄郁闷的一种方式。常常有这样的情况，女人一和老公吵架就会到商场狂购一气，买完东西花完钱了，心情也就自然好起来了。

女人天生喜欢逛街、买东西，犹如叽叽喳喳的鸟儿往返衔枝垒窝，她们一定要亲手用细心和纤巧玉手营造温馨幸福的港湾。平淡如水的岁月，女人忙着相夫教子和操持家务。最开心的一刻莫过于周末约上闺中密友，跑女人街、逛城隍庙、上四牌楼去"沙里淘金"，然后大包小兜地满载而归，脸上写满舒心得意的神采。

这才是女人，女人本来就是天生的"败金"主义者。男人喜欢说，女人都是天生的购物狂，买起东西来简直无药可救，这其实是不理解女人。购物狂不好，很多男人都养不起，所以聪明的女人不会为了购物而购物，也不会买超出自己承受能力的东西。她们没有想着花男人的钱购物，她们只是习惯了看到喜欢的东西就买回来而已。喜欢一样东西，用自己的能力去得到没有什么不合适，就算用双倍的价钱去买了一张喜欢的CD又怎么样，只要能在第一时间听到偶像的歌声，自己觉得值得就好。难道这就是男人所说的无药可救？什么是女人生活的乐趣？值得与不值得是要看自己怎么去理解，心情好才是购物的最终目标。

一般的女性，少女时代没怎么赚钱，往往不吝于为自己上下打扮。等结婚有了积蓄，反而由于生活的压力对自己小气起来。

进入"围城"里的贤妻良母常常都有这样的经历，看到自己喜欢的漂亮衣服、包包、化妆品，总是一忍再忍，想攒好了钱给家里添一件大背投；几年后孩子长大了买个钢琴；甚至，人家都买了第二套房了，自己也要攒钱再买一套，好赚取租金。殊不知，这一切原本都是为了提高生活水准，为什么现在不用在自己的身上呢？不曾想老公无意间埋怨一句：我就知道你不会买什么好东西，也不会打扮自己。一腔心血付诸东流，我不会买好东西吗？我出去看中的都是好东西，可价格不菲，只好退而求其次。现在想来真是痛彻心扉，所以女人们啊，该觉醒啦！

想想一个月赚多少钱，再想想用在自己身上多少钱，难道你一辈子就准备像苦行僧一样生活，为家庭、儿孙积累财富吗？要知道随着社会的发展，生活水平的提高，你的后代一定会比你生活得好，儿孙自有儿孙福嘛！

结了婚的女人为家庭付出了很多，已经够累了，更要自己爱惜自己，让自己这一生不要过得太苦了。

因此，有什么真正喜欢的东西快买吧，只要自己还能承受。比如漂亮的睡衣，不要再把自己穿旧了的衣服当睡衣穿，老公觉得你没有魅力。也许还有意外收获，你能体会到穿蚕丝睡衣的好处，真的很舒服，穿在身上柔弱无物，摸在手上光滑舒适。为了老公，更为了自己，买上两套又如何。只要算一算，它只占你工资的一小部分而已。各种美容用品，买吧。眼霜真的能收缩你的眼袋呀，公司不是有姐妹已经试过了吗，不要再犹豫。化妆品能延缓衰老，当青春不再时，你有再多钱，也是来不及的事了。

能够想到以后的生活，未雨绸缪，是对自己负责的生活态度，但是千万不能太甚。人生最好的生活方式，就是一边计划未来，一边享受现在，即使只是小小的享受，也比终于熬成正果，坐拥豪宅，却只剩下一颗苍老的不会享受的心要好。

紧张和吝啬是会养成习惯的。女人，不要等到你不会享受了，再来享受生活！如果你的预算不够海南双飞游，你也可以坐上公共汽车，和你心爱的人到郊区去露营一次，在山野间纵情地享乐一番；假如你的收入的确不够去欣赏一场演奏会，你仍可以买回一张碟，在家放给自己听；就算你们的确不能去西餐厅浪漫一回，你也可以在家烹饪最拿手的水煮肉片，然后冲个澡洗去满身的油烟味，穿上你最美丽的衣服清清爽爽地坐在红烛前，喝杯红酒……

只要你想得到，只要你愿意享受生活，你就可以不必因为以后打算，而把自己弄得灰头土脸，没有一点情调。所以，若是真喜欢一件东西，就买吧！

8. 把书籍作为你永恒的情人

世界有十分美丽，但如果没有女人，将失掉七分色彩；女人有十分美丽，但如果远离书籍，将失掉七分内涵。著名作家林清玄在《生命的化妆》一书中说到女人化妆有三层。其中第三层的化妆是多读书、多欣赏艺术、多思考、对生活乐观，培养自己美好的气质和修养，充实心灵，陶冶性情……的确，读书为女人带来了最美妙的时光，当女人沉浸于书海中冥想或会心一笑时，可以称得上是人间最可爱的天使。

有这样一对姐妹，姐姐身材好，脸蛋美，如花似玉，但街坊邻居觉得她有些轻浮。妹妹个子矮，鼻子塌，邻居都叫她"丑小鸭"。姐妹两人长相有很大差距，个性也大相径庭，唯一相像的地方就是两人脸上都长有雀斑。

姐姐经常去做美容，每月的工资几乎都花在了美容上。她觉得脸上的雀斑是个遗憾，想尽办法遮盖着，然而美容却遮盖不住她心中的俗气，与其交往的人不久就会厌倦，因为她眼中除了美容就是钱。

妹妹则喜欢读书，每逢假日必去书店。她的工资除了生活中必要的花销外，几乎都用在了买书上。她读了很多书。她从英国诗人艾略特的书中品尝出人生的深奥，眉宇间增添了思考的睿智；从海伦·凯勒的书中咀嚼出战胜自我的力量，从自卑的困扰中走了出来。

从中国古典名著中学会了做人的谦恭，使她多了一分书卷气……

时间久了，妹妹的言谈举止中自然流露着一种脱俗的魅力，连她脸蛋上的雀斑也显得很俏皮．很多人都愿意与她交往，有一些疑难问题也都爱找她帮助，慢慢地，她的朋友也多了起来，成了大家关注的焦点。

高尔基说："学问改变气质。"读书是永葆魅力的源泉。读书又是不分年龄界限的，年年岁岁都是读书女人的芳龄。和书籍生活在一起，永远不会叹息。知识是最好的美容佳品，书是女人气质的时装。书会让女人保持永恒的美丽。书更是生活中不可缺少的调味品，让你感在其中，品在其中，回味无穷。

当今社会，聪明的女人俯首皆是，品学兼优、相貌端正、

家世显赫、知书达礼、个性温和的女子大有人在，她们不管走到哪里都是一道美丽的风景线。她们可能貌不惊人，但却有一种内在的气质，幽雅的谈吐超凡脱俗，清丽的仪态无须修饰，那是静的凝重，动的优雅；那是坐的端庄，行的洒脱；那是天然的质朴与含蓄混合，像水一样的柔软，像风一样的迷人，像花一样的绚丽……这一切都源于读书。要读书，好读书，读好书，女人修内首先要读书，读书可以吸取很多从古到今的精华。

读书的女人，不管走到哪里都是一道美丽的风景，她本身也就是一本耐人寻味的好书，是很多男人心目中理想的伴侣。青春易逝，容貌的美丽相较一生的时光来说并不长久，而读书的女人，即使脸上爬满了皱纹，也一样可以美丽动人，散发出一种动人的美丽。

读书对于女人的效果，不像美容与食品那样迅速。依靠美容与食品滋润，即使你今天憔悴不堪，明天就可能会青春靓丽。但一旦失美，却又会回到以前那样黯淡无光。而书滋润女人的效果不是立竿见影的，却可以长久保存。

日子要一天一天地过，书要一页一页地读。书如同细雨，滋润着女人的心灵，其效果要在一年又一年坚持不懈的阅读中才能显现出来。但只要能够坚持下来，读书带给女人的美丽却是永久的，绝不会因为岁月的流逝而褪色。

对于女人来说，书中的养分胜过五花八门的化妆品。女人在咀嚼文字的过程中，不经意中增加的是一份由内而外的美丽。容颜虽然易逝，但读书女人的美丽却因岁月而醇厚，举手投足中展现的优雅气质让女人如同脱俗的玉兰，永远散发着沁人心脾的香气。所以说，知识是女人唯一的美容佳品，是女人气质的时装，读书的女人能够保持永恒的美丽。

所以，一个女人要想把自己打扮得可爱、漂亮或者具有吸引力，那就去读书吧，只有书籍才会让你保持永恒的美丽。

第四章 对自己好一点，过自己想要的生活

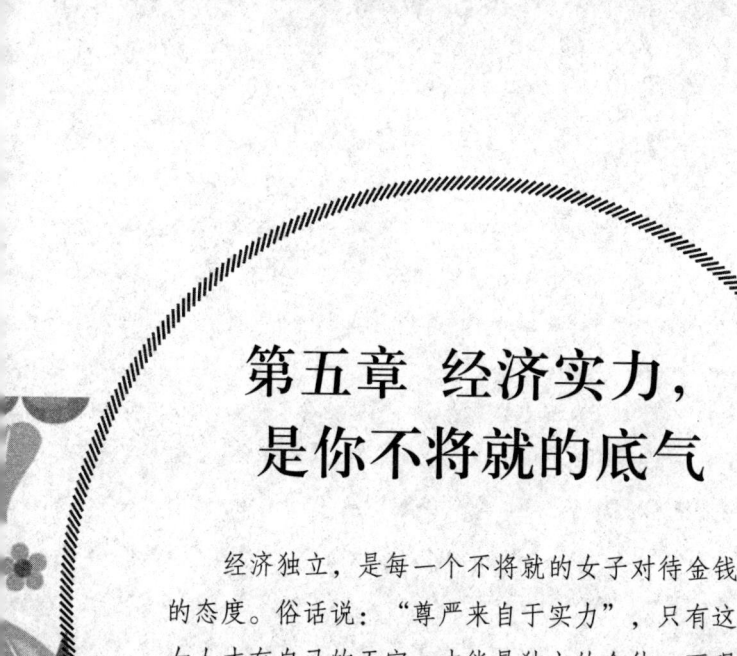

第五章 经济实力，是你不将就的底气

　　经济独立，是每一个不将就的女子对待金钱应有的态度。俗话说："尊严来自于实力"，只有这样，女人才有自己的天空，才能是独立的个体。而现在还有很多女性在抱怨男人的寡情，殊不知，是因为女人对男人的过分依赖，才让男人想逃，而且希望逃得越远越好！所以，为了自己的幸福，女人应该有一份自己的经济来源。

第五章 经济更为发展不稳然物质产

1. 经济独立是幸福的前提

靳羽西是一个很成功的"名女人",谈到女人的魅力,靳羽西认为,除了健康和美丽,女人最重要的是经济独立。

靳羽西被《纽约时报》评选为美国最受欢迎的50个"钻石女王老五"之一。

靳羽西认为,女人最重要的是经济的独立。她说:"我现在最大的自由是,我可以从自己的口袋里掏钱买书、买我喜欢的衣服,这是女人最大的自由。现在许多年轻的女孩子需要什么东西的时候就对她的男朋友或爱人说我喜欢这个我喜欢那个,她们是不自由的。我以前曾经嫁过一个很有钱的男人,可是他没有给过我一毛钱。"

张蕊在大学的时候就显露出好吃懒做的习性,她毕业之后,就在苏州嫁给了当地一个农民的儿子,同时也辞了自己的工作。其实,她完全可以不辞掉自己的工作,这样无论对自己还是对家庭都有好处。平时,张蕊总是拒绝同学们去她家探访,据说是她婆婆不愿意别人去走动,她便逆来顺受了。过了一年,他们有了自己的女儿。在这种生活环境中,与以前相比,她的性格发生了明显的变化。有一年大学同学聚会，在她身上已经完全见不到书卷气。服务员把菜一端上来，她就第一个迫不及待地下筷，见到虾来了，干脆就抓上两三把，往自己碗里送，还热情地为旁边的人夹菜，一副不吃白不吃的市侩相，这就是她最明显的变化。

在每一次的聚会上，张蕊始终不会多说一句话，有时甚至一句话也没有。也许她已经习惯了"沉默是金"，一个人待在家里的日子长了，她便患上了不爱说话的毛病，又或者由于她已经无法与他人找到共同语言了，这些噩梦，都是失业带来的。

堂堂一个大学毕业生，竟然甘心让自己沦落为一个黄脸婆。你想想，当你与社会完全脱节，与丈夫再没有共同语言的时候，他还能长期地这样容忍你吗？再说，没有工作没有收入，即使自己一心一意想当一个好母亲也很难。就拿张蕊来说吧，万一哪天她被遗弃了，又有什么资本与丈夫争夺女儿的抚养权呢？就算争到了，又靠什么去抚养、教育好孩子呢？所以，女人保护自己的方式之一就是要使自己在经济上能够独立。

作为一个女人，在经济上应该独立，不依靠任何人，这样才不会被人看不起。独立，是幸福的前提。如果一个女人结了婚，以为终身有了保证，这辈子只要给丈夫洗衣做饭，每天窝在家里，迟早会失去婚姻的主动权，变得没有任何地位。一切以丈夫为中心，听不得其他人的劝诫，整天为柴米油盐忙碌，搞得蓬头垢面，到最后哭的只有自己。

女人一定要独立,不管未婚的还是已婚的,这是有关尊严和自信的问题。一个女人以前再漂亮再能干,如果失去了自己的经济基础,那她会活在被动之中。掌握不了经济大权,就意味着失势。即便是结了婚,也要有自己的工作,毕竟爱人不是全部。为自己找一个好工作,这样你才会有自己的工作与事业,也不会被男人看不起。当然,我们并不是让女人成为一个"女强人",而是让女人在爱家的情况下成为一个"女能人"。

俗话说,"尊严来自于实力",只有这样,女人才有自己的天空,才能是独立的个体。而现在还有很多女性在抱怨男人的寡情,殊不知,是因为女人对男人的过分依赖,才让男人想逃,而且希望逃得越远越好!所以,为了自己的幸福,女人应该有一份自己的经济来源。工作最基本的需求是赚取生活费用,养活自己,补充家用。当然,现在更多的单身女人努力工作是为了实现自己最大的价值,在不断的进取中获得肯定和自我完善。她们与那些放弃工作、走入家庭的女性形成鲜明对比,更显独立自主、特立独行,为社会创造价值,是城市街头匆匆奔走的亮丽风景线。

很多女人都认为,找个有进取心、事业心、责任感好的丈夫,自己就幸福了。于是她们宁愿言听计从,一切由丈夫"当家",自己充当"干事的",甚至甘愿放弃自己原有的事业,赋闲在家,做专职太太,扫扫地、做做饭、洗洗衣、拖拖地,衣食无忧,认为这就是她们所谓的"幸福"。

其实,幸福不能简单物质化,应该是个动态的感觉和状态。从表面上看,丈夫风风光光,地位不低金钱不少,在女人堆里，自己也算是"有面子"的了，可是如果丈夫把心思全部放在工作上，难得一起吃餐饭、逛次公园、进次商场，这样空守的"幸福"又有多少味道呢？女人要顾好家庭，需要的不仅仅是这些。

更何况，女人如果在思想上和经济上不能自立，一切由男人做主的话，一旦男人受到外界的诱惑和环境的影响，交上些狐朋狗友，迷恋上赌博沾染上嫖娼等不良"嗜好"，女人所说的话还有地位吗？还能说个"不"字吗？只能忍气吞声，接受现实！这种幸福难道是女人想要的吗？

如果女人能独立，有自己的理想、事业和追求，有着自己的经济掌握权，就不会受制于男人，男人对女人也不可小觑。事实上，男人还是喜欢有点个性的女人，喜欢"太听话"女人的男人，很多心里都揣着个"小九九"。

女人应该有自己的工作，应该为自己的事业奋斗，即使在婚后，也不应该把家庭当作自己的全部。纵使你丈夫可以赚钱养活你，纵使你不愿意抛头露面吃苦受累，但仍要有一份工作，在赚钱养活自己的同时，也更好地"养活"自己的精神世界。

经济基础决定上层建筑，而你的经济基础则来自于你的经济能力，而经济能力则来源于你的"经验年金"。

21世纪是一个知识经济时代，竞争的方式将不再是工业文明时代的体力，而是更多地表现为策划、推广、沟通、联络、互动、服务、协调……而女性特有的敏感、细腻、灵活、韧性、关爱、情商、注意力以及第六感觉，正是21世纪的绝对优势。发挥这些优势对于女人来说，最重要的是你要有自己的经验积累。因而在这里需要强调的是你一定要把时间主要投资在学习、建立信用和建立名声这三方面上，以确保自己的经验年金的累积。为了做到这一点，具体要做到以下几点：

（1）每天都要学习

假如你打算再工作三十年的话，那么你就一定得每天努力学习新的知识和技巧。想想看，你今天学会了使用电脑的话，往后的日子里我将可以省下数百个小时的工作时间。记得一位作家说她每天至少要读一首诗，一篇散文，或是一篇故事。她把这些称之为"灌溉文学的心灵"。而你也要养成习惯地丰富自己的知识，提升自己的见识。

（2）夯实自己的信用

假如你能专心学习，那就可以获得专业知识，并在别人的眼里成为某一个专业的权威。而且你也要知道，有许多你需要学习的东西，和别人想要从你那儿知道的东西，都不是在大学课程里可以学到的。

生活是你的信用，经验是你的老师。但这不是只让你将时光一分一秒地溜走，而是要把自己在生活中学到的东西，加以组织架构，然后把它转化成某种在市场上有价值的东西。有时，最难相信有专业才能的人是你自己，因为你总觉得自己还差别人一截。一旦你能在自己的眼中建立起信用度，你才可能把这份"可能"展现在大家的眼前，最后你最终取得大家的信任，以及必不可少的生活上和工作上的依赖。

（3）宣扬你的名声

当你把自己的信用展现在世人的眼前之后，就可以建立起自己的名声。当你在众人面前发表一篇演说、组织一个活动，或是训练一个新手时,就是展现才能的好机会。经此而建立起来的名声,也才会吸引别人带着他们的问题,来向你寻求协助,这个时候要谨记"骄傲使人落后"。

最后,你的专业权威或是处世能力就会受到他人的认可。以后如果某个公司或是朋友希望邀请你去共事,而你正好挪不开身的话,他们会一直为你留下空位,因为没有别人比你更适合这份工作。在这一个池塘里,不论它是大是小,你算是一个"人物",一个谁都想着,谁都记得的人物。目前,你的外面有很多个类似的池塘。而以你从前的个性,你会很努力地想要在每一个池塘里都溅起水花;现在你要明白,你要是能在其中的几个池塘里激起一阵涟漪就是很不错的了。

当你建立和宣扬你的名声到了一个程度之后,即使是五年、十年或二十年之后,别人依然会请你回来向他们传授经验教训,抑或是出谋划策。因为他们知道你是一个"永远都有新想法,令人尊敬值得依赖的人",也就是你已经是一个品牌,品质的保证。

最后,值得注意的是,这是一个良性循环。你花在学习上的每一分钟,都用在建立新的信用和名声上,这也就是你的"经验年金"。因此,如果你是一个女人,如果你想获得自由和梦想,积累是追求自由与独立生活的不二途径。你要从今天就开始投资,以后一生都有红利。珍惜这个令你可以投资的自由吧。

女人有了自己的"经验年金",女人就会发现自己的能力,发现了自己的信心,这时要善用自己的能力,实现自己能力的积累。到最后你会发现无论是社会的成功,生活的适宜,还是个性的张扬，在男人似乎仍旧在主宰世界的运行的同时，也越来越发觉自己是越发离不开女人。因此，一个追求美丽的女人一定要记得多多积累自己的"经验年金"，这才是一个女人的立身之本、独立之本。

一个女人，能够自己辛勤地工作，自己赚钱来养活自己，这一点是非常难得的。同时，在经济上独立的女人才有魅力，那是需要女人在生活上有一份自己的事业，有一份自己能够离开男人之后的生存能力，有一份自己的原则，有一份自己善待自己的心，不断地学习做一个有生活质量的女人。女人在这个世界上是最辛苦的，所以，告诫所有女性朋友要善待自己，千万别因为安逸的生活放弃自己的追求，放弃自己生存的能力，不要等到风雨来时而茫然。其实，当你拥有自己的生存能力的时候，你就是这个世界上最有魅力的女性之一。

2. 节俭才能积累财富

对于初涉世的女孩子，在理财上容易犯的通病莫过于大手大脚的花钱习惯。往往是薪水一发就见底，月月无剩余。这样看似"潇洒"地花钱做派既不利于今天事业的发展，也不利于今后家庭生活的美满。因此，养成节俭的花钱习惯是十分必要的。

节俭并不是对生活的一种苛求，可以说它是一种生活的

智慧，是对自己所拥有的资源进行合理配置的方法和艺术，它不仅能使我们的财富更多一些，而且能使得我们的生活更有情趣，更具有挑战性。

如果你是一个百万富翁的话，你会穿一件二手衣服或者开一辆二手车吗？白手起家的百万富翁克拉克·霍华德是会这么做的。

少花一点儿，多存一点儿，这是今天财富社会里成功者的经验之谈。不管是贫穷，还是富有，霍华德说："一定要记住，不能今天把钱花得一个不剩，而不考虑明天该怎么办；另外，一生中都要有节俭、存钱的习惯。"

霍华德这位亚特兰大百万富翁说，他是在19岁的时候懂得这个道理的。当时，他爸爸在一家公司工作了29年后，失业了。

"他和妈妈从来不知道节俭，无论是穿衣、吃饭，还是住房，他们从来很讲究。"46岁的霍华德说。小时候，在他居住的街区，他是非常有名的，因为他总是乐于帮助朋友。

现在，霍华德正在向那些愿意听他建议的人们提出忠告，包括400万收听他的广播节目的人：少花一点儿，多存一点儿。为什么要花不该花的钱呢？

大学毕业后，霍华德的祖父给了他1.7万美元，他没有用这笔钱买汽车或者去度假，而是把这笔钱用来购买股票和房地产。20世纪80年代，他成功地投资创办了一家大型的连锁旅行社。后来，他把这家旅行社卖了，赚了一大笔钱。这也是他赚得的第一笔钱。

在31岁的时候，霍华德退出了商业战场，获得了大约200万美元的净收入。接着，他在一家广播电台主持节目，给听众出主意，指导人们如何理财，他的这次尝试获得了巨大成功。后来，他自己成立了一家广播电台。现在，通过广播向听众发布信息，霍华德每年挣得200万美元的收入。

尽管他拥有多处出租产业，有几辆汽车，在佛罗里达度假海滩有一座公寓大厦，在一个高档住宅区有一栋住宅，他仍然是一个远近有名的"吝啬鬼"。对于别人给他的这个绰号，他不仅一点都不介意，反而引以为荣。"吝啬是好事"他说，"我并不认为吝啬不好，相反，我认为这是大家对我的夸奖。"

霍华德几乎不逛商店，需要逛商店的时候，他从来不到零售商店去。事实上，他从来都没有到商场去购物，因为他经常到批发物品俱乐部去采购，因为那里的东西要比商场里的便宜一些。

在购物的时候还讨价还价、斤斤计较，在外人眼里，这样做对像他这么有钱的富人来说是完全没有必要。但霍华德认为："为什么要花不该花的钱呢？"

尽管霍华德在为自己采购的时候总是恨不得一分钱掰开两瓣用，但是，在捐款的时候他可是非常慷慨大方。他经常拿出几万、甚至几十万美元捐给慈善机构。他解释说："我有捐给慈善机构的钱，我有足够的钱保证我下半辈子的生活费用，我有自由，我有一个正常的人拥有的一切。这就是有钱给我的力量。"

尽管在买东西的时候讨价还价并不能让你变富,但是,那是一个开始。至于如何才能致富,霍华德道的致富经验告诉我们:

(1)计划经济

对每月的薪水应该好好计划,哪些地方需要支出,哪些地方需要节省,每月做到把工资的1／3或1／4固定纳入个人储蓄计划,最好办理零存整取。储额虽占工资的小部分,但从长远来算,一年下来就有不小的一笔资金。储金不但可以用来添置一些大件物品如电脑等,也可作为个人"充电"学习及旅游等支出。另外每月可给自己做一份"个人财务明细表",对于大额支出,超支的部分看看是否合理,如不合理,在下月的支出中可做调整。

(2)尝试投资

在消费的同时,也要形成良好的投资意识,因为投资才是增值的最佳途径。不妨根据个人的特点和具体情况做出相应的投资计划,如股票、基金、收藏等。这样的资金"分流"可以帮助你克制大手大脚的消费习惯。当然要提醒的是,不妨在开始经验不足时进行小额投资,以降低投资风险。

(3)择友而交

你的交际圈在很大程度上影响着你的消费。多交些平时不乱花钱,有良好消费习惯的朋友,不要只交那些以胡乱消费为时尚,以追逐名牌为面子的朋友。不顾自己的实际消费能力而盲目攀比只会导致"财政赤字",应根据自己的收入和实际需要进行合理消费。同朋友交往时，不要为面子在朋友中一味树立大方的形象，如在请客吃饭、娱乐活动中争着买单，这样往往会使自己陷入窘迫之中。最好的方式还是大家轮流坐庄，或者实行"AA"制。

（4）自我克制

年轻人大都喜欢逛街购物，往往一逛街便很难控制自己的消费欲望。因此在逛街前要先想好这次主要购买什么和大概的花费，现金不要多带，也不要随意用卡消费。做到心中有数，不要盲目购物，买些不实用或暂时用不上的东西，造成闲置。

（5）提高购物艺术

购物时，要学会讨价还价，货比三家，做到尽量以最低的价格买到所需物品。这并非"小气"，而是一种成熟的消费经验。商家换季打折时是不错的购物良机，但要注意一点，应选购些大方、易搭配的服装，千万别造成虚置。

（6）少参与抽奖活动

有奖促销、彩票、抽奖等活动容易刺激人的侥幸心理，使人产生"赌博"心态，从而难以控制自己的花钱欲望。要知道这些东西就好像"买椟还珠"，如果你是为了礼品漂亮而买下不需要的东西那才是最愚蠢的消费者。

（7）不贪玩乐

年轻的朋友大都爱玩，爱交际，适当的玩和交际是必要的，但一定要有度，工作之余不要在麻将桌上、电影院、歌舞厅里虚度时光。玩乐不但丧志，而且易耗金钱。应该培养和发掘自己多方面的特长、情趣，努力创业，在消费的同时更多地积累赚钱的能力与资本。

美国亚特兰大市场研究所所长思坦勒在对近20年中涌现的百万富翁做了专门研究后，意味深长地说："他们中靠运气和遗产致富的人已不多见，绝大多数人的发家致富完全建立于进取、发奋创新、严于律己和勤俭节约的基础上。"

不懂得"俭"字的女人，不知道如何成功，任何成功的事业都在于点滴的积累；不懂得"俭"字的女人，只会丧失成功，过分的骄奢多败人品质。

3. 把握机会，收获财富

所有女富豪都有一个共同的特征，就是不甘于平庸、胆子大、脑子活、能吃苦，并且擅长发现机会和把握机会。女人要勇于创业敢于创业，才能收获财富。

女人最大的财富是什么？一张漂亮的脸蛋吗？可年华易逝，容颜易老。相夫教子，丈夫事业的成功？可男人的事业永远属于男人，女人永远只是看客……绝大多数女人其实都有一颗积极向上的事业心，只不过是她们忽略了自己具备的财富，而甘愿做一个平常女人。女人做事业获得财富不如男人大刀阔斧，她们凭着自己一颗细腻的心在经营自己的事业与人生，成功的女人都有其感受。心细是女人长于男人的优点，也是女人与生俱来一生享受不尽的财富。

李晓华和她的"yeah"背包店就是这样的一个范例。

白天，李晓华是某大学数学系一年级学生，戴近视眼镜，模样文静，背着比别人都大一号的酷背包。晚上，李晓华在上下九路经营着"yeah"背包店。

在她的背包店里有两位员工，一位是她的父亲李文生，一位是她的母亲蔡玉凤，两人在一家国营皮件厂工作了近二十年，技艺一流，只是因为整个工厂生意不好，两人暮年临困。李晓华用父母辛勤积攒下的钱走进大学，走进大学后的第一件事就是让父母主动申请下岗，用借贷来的钱注册成立了"yeah"品牌，专为酷男酷女们定做背包。

辛苦了半辈子的李文生，想都没想到，女儿一个崭新的创意，就把自己操作了二十年的技艺一下子发挥到了顶点。

因为资金不充裕，"Yeah"背包店装修极为简陋，甚至没有橱窗，一些样品就挂在墙上的木钉上，由于店铺太小，连玻璃门上也沾满了挂钩，充当了一面墙来用。

李晓华将从报纸、杂志上收集来的各式各色新潮背包、手袋、旅行包，全部剪辑、归类，然后分装在透明粘胶相册中。朋友、同学知道她的兴趣和爱好，也一同帮她收集，有些在广告、招贴上看到的，无法拿来，便会想办法告诉李晓华，李晓华会带上"yeah"包店专门投资的一部小相机前去拍下来。

店铺装修简陋，但货品绝对新潮、美观，且质量、做工都属一流。而价格却比其他商店便宜1/3，这对于那些

收入还比较低的年轻人来说是很有吸引力的。

后来,李晓华索性就用这两句话做了"yeah"背包店的广告语——装修简陋,货品一流。八个红色艳丽的大字,让过往的行人驻足观望。

"Yeah"包店有一条特别的规定,顾客可以提出自己的要求,包括什么样式、什么用料、什么大小等,甚至可以直接画出来,画不出的可以口述,口述不清的还可以直接带样品来。然后由李晓华出初样,顾客满意了,才下订金、签订单。

无论什么情况,李晓华都会笑眯眯地认真听顾客提出的要求,对那些自己设计款式的顾客,"yeah"包店一律保证版权所有,未经设计者许可,绝不为别人制作第二件。

另有一些"yeah"包店提供的款式,也鼓励顾客自己提供用料。比如做了一件外套,可用多出的布料配做一只与外套相衬托的包。比如有的衣服是买来的,李晓华也会在背处相应地取出一点同花色的布来,为顾客设计、点缀在新做的包上,使其看起来好像本来就是一套似的,品位与档次一下就提高了。

不雷同与自成品位,恰恰抓住了酷一代的追求,也抓住了产品的卖点。

随着时间的推移,年轻人开始成群结队地涌入,生意也成倍地增长,最高峰的时候,"yeah"包店一天可接到20份订单,有皮质的,有布质的,甚至还有人要求用麻绳来做背包。因为李晓华面带慈祥,脾气又好,许多顾客对背包不满意，就让李晓华修改，一遍一遍地，李晓华总是不厌其烦。时间久了，就有类似的做包店铺在市面出现，并有被模仿的样品也招摇地挂在那里，李晓华并不担心，她相信"yeah"包店总有别人抄袭不去的东西。她还会让感觉延伸下去，创造出更大的灵感与财富。

美国有一句谚语"通往失败的路上，处处是错失了的机会。坐待幸运从前门进来的人，往往忽略了幸运也会从后窗进来。"机遇不会落在守株待兔者的头上，无数成功的事例和人告诉我们，机遇喜欢那些迎向自己并总想捉住自己的人。

美国流行穿长筒袜时，有位名叫米儿曼的女士发现自己穿的长筒丝袜总是往下掉。她想如果是逛街或是在公司上班时，丝袜掉下来多尴尬啊，就算偷偷地拉起来也不雅观。突然，她灵机一动，想到其他妇女也一定会有这样的感受。于是她开了一间"袜子店"专售不易滑落的袜子。"袜子店"不大，每位顾客平均可在一分半钟之内完成交易。从她兴办这个店后，不断扩展新店。几年后，全世界各个大城市都有她的分店了。米儿曼三十几岁的时候就已成为百万富婆。

日本的一名叫寺田千代乃的妇女，为了挽救丈夫的货运业，她凭借自己的一颗细腻心，独辟蹊径，创立一家搬运公司。起初她一个女人办搬运公司，招徕了许多人的不信任和嘲讽。因为在他们看来，搬家业男人们也干不好，况且，也是没出息的行当，更何况一个女人。

但寺田千代乃并不理会，她相信自己完全可以闯出一片天地来。她把自己的搬家公司命名为"艺术搬家公司",拓展了服务的广度和深度,如在为顾客搬家时,公司不仅代搬行李,还免费提供家具除虫服务,同时负责新房的清洁工作。她还准备了香皂礼盒,代乔迁者向新旧邻居问好。她备有双层运输汽车,既搬家具,又送顾客。经过她这种独到与温馨的服务,短短几年内,"艺术搬家公司"就在日本各地设立了55个办事处,还有5个海外分支机构。

或许在这两位女士未创业前,也曾有过做平常女人的打算,然而当她们凭借自己细腻的心,发现生活中的某些细节能带来商机时,她们却能果断地抛弃平庸,用自己的细心经营起理想。其实,她们和我们身边的女人并非有多少不同,只不过多了一颗敢于抓住生活细节创造财富的细腻之心。

世界上的万事万物在其发展过程中总会隐含着一些决定未来的玄机。对于女人来说,如果能够把握住并识透这种玄机,那么就意味着可以把握未来。把握住了未来,也就是把握住了成功。一个伟大的成功者眼光敏锐,能够及时发现机会,把握时机,发挥优势,进退自如,在竞争中处于不败之地。

女人与男人自然不同,那么女人如何才能把握住事物发展中的玄机呢?这就需要你要对所有事物,特别是与自己关系密切的事物保持灵敏的触觉,这种触觉也就是一个人的悟性,如果有了这种悟性就很容易把握住事物发展的玄机。所以,对于一个创业者,尤其是女性创业者来说,在创业的时候一定要培养自己灵敏的触觉,一定要把自己的悟性培养出来,这样在机会来到的时候，你才能够顺利地登上机会的快车。

4. 科学理财，女人的明天会更好

理财女人有正确的人生观，她们不但知道自己想要什么，而且也知道自己能要什么。这样的女人外表可能并不美丽，但她在理财中的聪明智慧却令人叹服不已。

中国有句俗话：吃不穷，穿不穷，计划不到一世穷。不管是有钱还是没钱，人生活在现在的社会里，都应该有一个财富计划。学会理财，才能适应经济生活。

人不像动物，只要吃饱了肚子就什么都不管了，今天有食物就吃饱，明天没有食物了就饿着。人总是在今天的基础上，为明天做好准备。

有些人今天有多少就用多少，明天的事明天再说，所谓"今朝有酒今朝醉"。其实，这是一种不负责任的人生态度。

卡耐基也总结过他在贫苦中是怎样计划用钱，他说："我也有过我的财政困难，我曾在密苏里的玉米田和谷仓做过每天10小时的劳动工作。我辛勤地工作，直至腰酸背痛。我当时所做的那些苦工，并不是一小时一块美金的工资，也不是5毛钱，也不是10分钱。我那时所拿的是每小时5分钱，每天工作10小时。"

我知道20年一直住在一间没有浴室、没有自来水的房子里是什么滋味。我知道在一间零下15℃的卧室中，是什么滋味。我知道徒步数里远，以节省一毛钱，以及鞋底穿洞、裤底打补丁的滋味。我也尝试了在餐厅里点最便宜的菜，以及把裤子压在床垫下的滋味，因为我没钱将它们交给洗衣店。

然而，在那段时间里，我设法从收入中省下几个铜板，因为如果我不那样做，心里就不安。由于这段经验，我们就必须和一些公司一样。我们必须拟定一个花钱的计划，然后根据那项计划来花钱。可惜我们大多数人都不这样做。

现在我们也在提倡超前消费，有些年轻人不管自己的经济状况如何，贷款买房，贷款买车，一下子就使自己的经济陷入困难的境地。后半辈子就围绕着如何还贷款了。

一旦你涉及管理自己的钱财的时候，你就开始经营如何管理自己的金钱了。

财务规划是投资成功的先决条件。对待自己的财产，需要有长远的计划，这样才能使自己的财富不仅能保值，而且还可以不断增值。

两年前，李成松还是个有钱人，家中存款不下10万元，而今却欠外债三四万元。熟悉他的人都清楚，李成松是因为不善于理财，盲目攀比，才由富变穷的。

8年前，李成松承包了10余亩的大果园，由于市场上果品价格上涨，每年果园的收入均保持在3万元左右，除去支出果园投资和上交承包金，李成松手中存款已到了10万元左右。

后来村里兴起了建房热，农户之间互相攀比，有的农户建4间大瓦房，有的农户建5间平房，一家比一家房子盖得排场，一家比一家花的钱多。受村民的影响，住房宽敞的李成松坐不住了，为了显示自家的经济实力，在与妻子商议之后，李成松决定建一座上下8间的两层楼。他请来一位工头进行了预算，工头说大约有10万元足够了。想到自家正好有10万元存款，李成松头脑发热，立即申请地皮，请建筑工程队施工。在他建房的那年，建房所用的石子、沙子、水泥、钢筋等原材料都不同程度涨价，两层楼的造价成了12万元。因为自家只有10万元，缺少的2万元是从亲戚家借来的。

楼房建成后，李成松搬进自己的新居，又发现家中原来的家具根本和新房不配套。为了美观一些，他又从银行贷了1万元，购买了彩电、沙发、床及床上用品。这样，连借带贷，李成松外债达到3万元。本以为好好干上两年就能还债，可连续两年的干旱，李成松的收入仅能维持生活，亲戚及银行屡次上门催款，李成松却无力偿还。虽然住着楼房，李成松和妻子一点也高兴不起来，债务压得他喘不过气来。

有些人之所以由富变穷，由存款户变成欠债户，其原因是缺乏理财知识，盲目与别人攀比，消费时未考虑到自己的收入来源。本来生活不错，却因理财失误，造成返贫，其教训是十分深刻并值得引以为戒的。

　　经验告诉我们，在许多时候，理财中一个小小的计划可帮助我们更好地享受财富带来的快乐。计划就是让你善用金钱，哪些地方该花钱，哪些地方不该花钱，要做到心中有数。

　　在中国，很多家庭都是女人掌管着财务大权。理财并不仅局限于金钱上，赚的钱越多就越会理财这种思想并不是真正的理财思想。理财是一个全面的概念，从家庭的柴米油盐到婚丧嫁娶、从子女的教育到父母的养老安排、从家庭的重大投资到家庭的安全保障等。用有限的钱财收到最大的效用才是理财的真谛。男人也许会成为家庭经济的支柱，但让这根支柱常新的却是女人。

　　女人天生的细腻心思更能全面兼顾理财的方方面面。比如，女人精打细算的性格使她们在家庭消费（比如购物、买菜）和投资理财（比如存款、购买保险、国债、房屋等）方面体现出细心、精明的风格。

　　在照顾家人的衣食起居方面，女人也更细心、周到。逢年过节，妻子会备好双方父母的礼物。在留出孩子的教育经费、家庭生活费、养老备用金、意外事件备用金后，在预算有剩余的情况下，细心的主妇们还会为家人安排文化活动，如旅游、听音乐会、看电影等。

　　女人深知细水长流的道理，在生活中比男人更有张力和韧劲，这也是理财必备的素质之一。在生活中，许多家庭大的经济项目支出，比如买大型的电器等，男人往往会非常自信地做出决定。但是，当一个家庭面临困境时，男人未必就会果决、坚定，有时甚至会放弃、崩溃、逃避。这个时候，如果家庭内有一位智慧、勇敢的女人，必定会支撑起这个家。也许有人会认为女人是物质的女人，但是女人在拮据时比男人更会精打细算，这也许是多年逛街的锻炼成果和十月怀胎意志的磨砺。

走出家庭，我们会看到很多的女性在从事理财领域的工作，比如在银行里接待顾客的大都为女性职员。据有关方面统计，目前上海金融系统中，女性员工占到了40%。越来越多的金融机构也关注到女性对理财的要求，女性理财市场直逼男性理财市场，民生银行就发行了针对女性消费者的信用卡，帮助女性更好地打理自己的钱包。

女人已不再是只会花钱的、没有大脑的代名词，更不是依附男人的花瓶。如今，女性理财已是一种趋势、一种潮流。这是女性智慧的体现，也是女人享受金钱的态度。

5. 不同年龄女人的理财观

不管你是已婚还是未婚，作为一个女性，理财都是必须具备的技能。如果你已婚，这可以令你的家庭生活更加有保障；如果你未婚，这可以令你的单身生活不必"月光光"。

现今，女性朋友们在生活上面临经济安全的挑战愈来愈多，不论是单身贵族或是双薪小家庭，或者是因为离异需负担家庭生计的单亲妈妈或丧偶被迫自己独立照顾家庭的女性，在

不同的情境下所面对的挑战都不相同，在财务上的需求亦不同，所适合的理财心态与模式更不相同。根据最近美国美林投资机构相关的统计显示离婚妇女在离婚后生活水准普遍大幅下降85%，而寡妇生活状况不及其丈夫在世时生活水准，甚至陷于贫困，相信在中国这样的情况应该亦蛮普遍的，对许多女性而言，较少的工作收入、较少的退休保障、比较保守的投资模式，都增加潜在财务危机的可能性。

认清自己真正的财务需求是掌控自己下半辈子生活水准的最高指导原则，女性朋友们在每一个阶段的财务需求都会不一样。

（1）20—25岁：初涉职场的"月光族"

这一阶段的女性大多还处于单身或准备成立新家阶段，相当一部分的女性没有太多的储蓄观念，自信、率性，"拼命地赚钱，潇洒地花钱"是其座右铭，因此，"月光女神"随处可见。

理财建议：定期定投赚个"金母鸡"。

刚刚步入职场的年轻女孩子投入较低，但花费却不低。因此，不妨选择按期定额缴款的约束性理财产品，如基金定期定额计划刺激一下，收紧钱袋子。打个比方，如果每月定期定额投资1000元在年利率2%的投资项目（按复利计算）上，10年下来可累计约13万余元；若每月定期定额投资1000元在年利率10%的投资项目（按复利计算）上，10年下来可累计约20万余元，后者约为前者的1.5倍。银行定存年收益率近2%，但从数据可见，银行定存的利率偏低、增长有限。考虑到股市长期向好的趋势，开放式基金的年收益率应该优于定存，因而在低利率时代女性还是可以找到会赚钱的"金母鸡"的。

（2）26—30岁：初为人妇的"巧妇人"

刚刚步入二人世界的女性，为爱筑巢，随着家庭收入及成员的增加开始思考生活的规划，因此大多数女性开始在消费习惯上发生巨变，"月光族"的不良习惯开始摒弃，投资策略也由激进变为"攻守兼备"。

理财建议：增加寿险保额投资激进型基金。

一个家庭的支出远大于单身贵族的消费，所以，女性要未雨绸缪，提早规划才能保持收支平衡，保证生活的高质量。这个时期购置房产是新婚夫妇最大的负担，随着家庭成员的增加应适当增加寿险保额。在此时夫妻双方收入也逐渐趋于稳定，因此，建议选择投资中高收益的基金，例如投资于行业基金搭配稳健成长的平衡型基金。

（3）30—35岁：初为人母的"半边天"

这一阶段的女性都较为忙碌，兼顾工作和照顾孩子、老人、丈夫的多重责任，承受着较重的经济压力和精神压力。这一阶段的女性，在收支控制上已经比较能够收放自如，比较善于持家，但还缺乏一些综合的理财经验。

理财建议：筹措教育金购买女性险。

家庭中一旦有新成员加入，就要重新审视家庭财务构成了。除了原有的支出之外，孩子的养育、教育费用更是一笔庞大的支出。首先，在孩子一两岁时，便可开始购买教育险或定期定投的基金来筹措子女的教育经费，子女教育基金的投资期一般在15年以上。

（4）40~50岁：为退休后准备"养老金"

由忙转闲、准备退休阶段。这一阶段的女性，子女多已独立，忙碌了一辈子，投资策略转为保守，为退休养老筹措资金。

理财建议：风险管理最重要。

此时家庭的收入存在，但与前几个阶段不同的是，"风险"管理此时成为第一要务。由于女性生理的特点，在步入中年，甚至更早的年龄阶段，妇科疾病就陆续找一上门来，有针对性的女性医疗保险必不可少。

另外，在投资标的的选择上必须以低风险的基金产品为主要考虑对象。建议中高龄人士这个时期的投资则要首先考虑稳妥，理财产品应选择那些货币基金、国债、人民币理财产品、外币理财产品等。

女性天生心细，这让她们在理财方面有着与生俱来的"驾驭感"，成为不少家庭的钱袋子。但是，女性难以琢磨的感性也难免会让其在理财上优柔寡断，错过难得的"敛财"机会。所以，女性朋友们在理财上要避免盲从，首先辨认自己身处在哪一个人生阶段，然后根据自己所处的不同年龄段，结合自己的风险偏好、风险承受能力、收入、家庭情况等，兼顾收益与风险来构建一个高效的投资组合，以此获得稳定收益。

6. 跳出女性理财的误区

在现代社会，你是一个美女、才女还不够，想做一个独立自主的现代女性，你还得是一个财女——高财商的女性。作为女人，掌握"金钱游戏"规则和追求时尚生活同样重要。女人在美丽的同时，也可以更加富有。

所以，女人在理财之前，一定要弄懂如下问题，跳出理财误区：

误区一，自己的一生将和丈夫长相厮守，相伴一生。

据调查显示，女人的平均寿命比男人多6到7年。随着社会的发展，越来越多的女性选择了跟男性一样在外工作，经济上的独立促使女性在精神上也更独立，女人不再依附男性而生存。面对家庭与事业的矛盾，很多女性选择了离婚，而那些仍有婚姻的女性也一般比她们的丈夫活得更长。女人的工资比男人低，得到的退休金和社会保障金也很有限，这一切都使得善于理财对女性尤为重要，而抱着"丈夫会养我一辈子，丈夫会打理好钱财"观念的女性，经济则丧失了保障。

误区二，我不是理财那块料。

不少女性对自己没信心，对理财心存恐惧。身为新时代的女性，不但在经济能力上不输给男性，在理财上也可以与男人平分秋色。只要肯多花一些心思，建立起理财的信心，你会在

理财领域上表现得比男性更好。

误区三,理财太复杂、琐碎,令人头痛。

做任何一项工作都不能轻而易举地完成,理财也是一样。但是,理财并不如你想象得那般困难。省钱就是挣钱,理财的第一步就是要知道你所有的重要的文件都放在哪里。

你可以和你的伴侣坐下来完成如下几个问题:

我们有什么财产(包括房子、车子、保险和投资)

我们背负着哪些债务(包括抵押、贷款和欠款)?

我们做了些什么样的投资,为什么要做这些投资,这些投资为我们带来收益了吗?

万一伴侣发生了不好的事情,我该怎么办呢?

不要小看这些问题,详细而正确地回答它们能反映你现在的财务状况,为你的理财迈开第一步,以后的事也不会比这些难多少。

误区四,我现在还年轻,还用不着理财。

女性在理财上所犯的最大错误就是到了不得不做的地步才去面对理财的问题。一般而言,女性的平均薪水较男性低。即使有退休金可领,由于其职位多低于男性,所以她们可领取的金额也会比男性小。因此,女性必须将理财视为生活的一部分,积极追求财富的增长,才能让自己享受优质的生活水准。

误区五,我宁可让闲钱待在银行账户上,这样既安全又保险。

没有风险就是最大的风险。假如银行的储蓄利率是2%,而通货膨胀率是4个百分点,你的购买力每年都损失2个百分点。这表示100元钱一年后实际只有98元。你什么也没干也在损失钱财,这还不够吓人吗?既然女人比男人长寿,女人在退休后就比男人需要更多的钱。

攒钱最好的方法就是将钱用于投资,股票、债券等都是不错的选择。女人要学会投资,并尽量减少投资风险,那么她们和男人一样有着成功的机遇。投资什么时候开始都不晚,只要掌握了投资的技巧,财富的大门就向你敞开了。

误区六,我没有多余的钱来做任何改变,所以根本没有必要来学习怎样理财投资。

很多人都觉得自己没有多余的钱,但钱是可以省出来的,并不是所有的百万富翁在出生时就是富有的,他仅仅是比我们会理财而已。仔细计算一下你的支出和进账,你就能发现问题,并可以挤出一部分钱来进行投资。如果实在感到困难的话,可以买一些关于投资理财的书,听听专家意见,减少自己的消费,将钱进行投资。

误区七,随大流避免理财损失。

许多女性在理财和消费上喜欢随大流,常常跟随亲朋好友进行相似的投资理财活动。比如,听别人说参加某某集资收益高,便不顾自己家庭的风险抵御能力而盲目参加,结果造成了家庭资产流失,影响了生活质量和夫妻感情。有的女性见别人都给孩子买钢琴或让孩子参加某某高价培训,于是不看孩子是否具备潜质和是否爱好,便盲目效仿,结果往往花了冤枉钱。

误区八,我没有足够的时间来打理我的钱。

时间就像吸了水的海绵,只要挤,总会有水滴出来。如果你以此为理由拒绝打理自己的钱财,那么政府、税务局、银行、保险公司、房地产商等部门就会为你代劳,而他们都是从自己的利益出发，恨不得让你能多交一些钱，到那时，你可就举手无措了。

理财不会花费你很多时间，而且你常常可以找到帮手。现在社会上到处都是帮人理财的机构，像个人理财网、财务杂志、理财专家等等，你只需要花少量的金钱，却能获得一定的收益。

误区九，会员卡消费节省开支。

女性们对各种会员卡、打折卡可谓情有独钟，几乎每人的包里都能掏出一大把各种各样的卡。许多情况下用卡消费确实会省钱，但有些时候用卡不但不能省钱，还会适得其反。有的商家规定必须消费达到一定金额后才能取得会员资格，如果单单是为了办卡而突击消费的话，就不一定省钱了。有时商家推出一些所谓的"回报会员"优惠活动，实际上也并不一定比其他普通商家省钱。还有一些美容、减肥的会员卡，以超低价吸引你缴足年费，可事后要么服务打了折扣，要么干脆人去楼空，让你的会员卡变成废纸一张。

误区十，我想依赖丈夫，他赚的钱多自然有话语权。

很多女人喜欢依赖自己的伴侣，认为钱是他们挣的，由他们打理最合适。而事实往往相反，男人经常把家庭经济弄得一团糟，还死要面子不承认失败，这是男人的通病。一般说来，男人由于坚强、果断，更适合在外工作挣钱，而女人由于其细腻、柔和，在理财上往往比男人做得更好。家庭内有所分工，才能更稳定地发展。

但是如果女人甘愿受人支配，不争取权利的话，这种不平衡状态就会持续下去。而女人打破现有局面，准备一展身手的话，在刚开始的时候，由于一下无法接受改变，男人可能不习惯，但这只是暂时的。很快，他们就会为家庭经济的稳定发展而欣喜。

误区十一，理财很容易，我自己完全可以应付。

理财不像登天那么困难，但也不是眨眼那么简单。了解家里的财务状况并不难，但要把家庭财产打理好，让资产的收益率超过通货膨胀率可不是件容易的事。现在经济信息瞬息万变，发现好的投资机会越来越难，这就需要借助外力，请专家帮忙。但专家毕竟只是给你建议，最后还是需要你自己具备一定的投资理财知识来决定是否要采纳他们的建议。

第六章 工作不将就，尽量做到最好

　　一个女人，她的角色定位首先是她自己，只有拥有自己喜欢的工作，喜欢的事业，她才能获得一种安全感，拥有一种由内而外的自信。事业不将就的女人都是狠角色，她们有一个共同的特点就是：有不达目的不罢休的干劲和冲劲，有屡战屡败后超强的抗挫力，所以她们常常能得到命运之神的青睐。

第六章 工业化水平的
衡量的展现

1. 从工作中享受无穷的乐趣

在节奏日益紧张的都市生活中，你是否已经在工作中迷失了自我，已经被各种各样的工作压得喘不过气来？如果能够在工作中找到乐趣所在，那该是多么美妙的事情！

假如不能在工作中找到乐趣，哪里有时间和精力去接触新的领域？不能在工作中创造出乐趣的话，那么又哪里来的机会？凡是应该做的，都是值得做的，凡是值得做的，都应该做好，并且从中得到快乐。在工作中找到乐趣，对自己对他人对公司都有好处。

工作的终极目标是为了快乐与幸福的获得。要从工作中找到对自己的信心，充分发挥本身的潜能，创造事业及财富，才算成功。一个不快乐的工作者是无论如何跟这目标是南辕北辙的。

几乎每个人心中都规划着事业上的宏伟蓝图，渴望着在自己所处的工作岗位上施展自己的才华，实现自己的远大抱负。但是，并不是所有的人都能找到真正适合自己的工作。所以，我们应学会从工作中寻找快乐，把枯燥的工作变成一种享受。

萨姆尔•沃克莱刚刚进入工厂时的工作就是日复一日

地拧螺丝钉,就像《摩登时代》里卓别林扮演的那个工人一样。看着一大堆螺丝钉,沃克莱满腹牢骚,心想自己干什么不好,为什么偏偏来拧螺丝钉呢?他曾经想找经理调换工作,甚至想过辞职,但都行不通。最后他考虑能不能找到一个积极的办法,使单调乏味的工作变得有趣起来。于是,他和工友商量开展比赛,看谁做得快,工友和他颇有同感。

这个办法果然有效,他们工作起来再也不像以前那样乏味了,而且效率也大为提高。不久,他就被提拔到新的工作岗位。再后来,他成了火车制造厂的厂长。

变化繁多的游戏总比单调的游戏来得有趣。同样的道理,富于变化的工作可使人们充分施展自己的才能,并享受无穷的乐趣。所以,我们应调整心态,学会从工作中寻找快乐。

亨利·卡文迪许是英国著名的物理学家和化学家。他去世60年后,人们为了怀念这位杰出的学者,在卡文迪许学习过的剑桥大学,以3万英镑资金,建造了世界著名的实验室。

卡文迪许生前也曾有过一段贫困的日子,但是,他很快就交上了好运。

在一个严冬的下午,突然一辆豪华马车停在卡文迪许的家门口,从车上跳下来一个衣着入时的使者。他自称是伦敦银行派来的,特地送来一张存款单据——1000万英镑。这么大的数字,真使卡文迪许目瞪口呆了。经了解,这笔巨额财产是卡文迪许一个姑母留给他的,这使卡文迪许一夜之间成了最富有的人。

但是,卡文迪许不爱金钱,只爱实验。他有这么多的钱,除了给自己建立一个设备一流的实验室外,其他都原封不动地存入了银行。自己则一头钻进实验室,整天跟仪器和药品打起了交道,乐此不疲。卡文迪许虽有大笔存款,是英格兰银行的最大客户。但他不理衣着,全心致力于科学研究,无暇顾及生活琐事。他的衣服大多是旧式的,扣子掉了也不管,有时褶皱遍身。一次,他到皇家学会去,顺便穿了一件在实验室工作时被硫酸烧坏了的破大衣,以致被学会的职员认为是个流浪汉,说什么也不肯让他进去,待他通报了姓名,学会的职员才连连道歉,请他进去。

平时,卡文迪许吃得也很简单,就是偶尔请科学家吃饭,一般也只是一条羊腿。仆人笑着提醒他,一只羊腿不够五个人吃,他才改口说:"那就准备两只吧!"当人们问他那样有钱,为什么又那么"寒酸"时,他自信而无愧地说:"我认为科学家的时间应当最少地用在生活上,而应当最多的用在科学上。"

把时间和金钱,最少地用在生活上,在工作中寻找乐趣,你的生活会更丰富多彩。

在职业生涯中,要想与别人竞争,就必须有热情工作的习惯。只有当热情发自内心,又表现成为一种强大的精神力量时,才能征服自身与环境,创造出日新月异的工作成绩,使你在激烈的竞争中立于不败之地。

你如果已经工作了，就会知道，当你最初接触一项工作的时候，由于陌生而产生新奇，于是你千方百计地了解熟悉工作，干好工作，这是你主动探索事物奥秘的心理在职业生涯中的反映。而你一旦熟悉了工作性质和程序，日常习惯代替了新奇感，就会产生懈怠的心理和情绪，容易固步自封而不求进取。这种主观的心理变化表现出来，就是情绪的变化。

有热情才有积极性，没热情只能产生惰性，惰性会使你落伍。业绩不佳难免要被"炒鱿鱼"。这也是职业生涯中的一条规则。由此看来，你能不能与别人竞争，关键靠你的心理素质和内心动力，也就是靠坚持不懈的工作热忱。同样一份职业，由你来干，有热情和没有热情，效果是截然不同的。前者使你变得有活力，工作干得有声有色，创造出许多辉煌的业绩；而后者，使你变得懒散，对工作冷漠处之，当然就不会有什么发明创造，潜在能力也无所发挥；你不关心别人，别人也不会关心你；你自己垂头丧气，别人自然对你丧失信心；你成为这个职业群体里可有可无的人，也就等于取消了自己继续从事这份职业的资格。可见，培养职业热情的习惯，在竞争中是至关重要的事情。

现在，告诉你如何在工作中建立热情，让你工作更快乐。

首先要告诉自己，你正在做的事情正是你最喜欢的，然后高高兴兴去做，使自己感到对现在的职业已很满足。

其次，是要表现出热情，告诉别人你的工作状况，让他们知道你为什么对这种职业感兴趣。

事实上，每个人都有理由充满工作热情，不论是作家、教师、工程师、工人、服务员，只要自己认为是理想的职业就应该热爱它，热爱也就自然珍惜。但有些职业在经过深入了解以后，可能会感到无非如此，用不着付出多大努力，已是绰绰有余，便以例行公事的态度从事之。这样问题就出来了。你虽然热爱自己的职业，却不知道怎样把职业掌握在自己手里。再熟悉的职业，再简单的工作，你都不可掉以轻心，都不可以没有热情。如果一时没有焕发出热情，那么就强迫自己采取一些行动，久而久之，你也会逐渐变得热情起来。

假如你相信自己从事的职业是理想的，就千万别让任何事情阻碍了你的工作。

世上许多做得极好的工作，都是在热情的推动下完成的。关键所在，是要有把工作做好的热情，并能善始善终。你常常会遇到这样的情况，有的职业，你认为是很好，也蛮有工作热情，可常听到种种非议，给你的热情泼上冷水。把握不住，就会把一份好端端的职业断送掉。应该承认这种制冷因素是客观存在的，但只是影响热情的外在原因，良好的心理素质依旧是保持热情的内因。要相信你认为好的，就必定是好的。与其担心别人的评论，不如设法完成你所择定的事情，创造出无可争辩的实绩，让人刮目相看。

2. 尽量获得老板的青睐

职场上的每个女性都期望获得加薪、升职的机会，至关重要的因素是你所显示的非凡的工作能力，以及你与老板的良好关系。如果这两者你都具备了，那么工作顺心，加薪、升职不成问题。

王倩是刚从大学毕业的计算机系研究生，进入公司后发现公司里人才济济，和她学历相仿的人也不少，看来提升的希望是很小的。于是她发挥自己在大学里的计算机专业知识的特长，使公司生产效率一下提高了不少，并且对同事在工作上的请教有求必答，热心帮助别人。她不仅赢得了领导的赏识也受到同事们的欢迎。不久，王倩就被老板提升为业务副主管。

你遇到过如下问题吗？自己整天忙忙碌碌、人前人后，可是就没人注意到你；自认为工作能力强，经常有创见，可总是得不到老板的赏识。是什么原因导致了这种情况呢？应该如何改变这种状况呢？如下的几点建议肯定会有助于你：

（1）明白老板的真正意思

大部分女性都是有心的女性，比较善于聆听老板的话，并领会其含义。所以，女性在做事情时，首先要让老板知道你热切地期待他的事业成功。为此，你可以在他面前不时谈论他的抱负或目的，并尽力做一切有助于其达到目的的事情。你的职责就是帮助老板实现他的真正意图。但老板的意图是什么呢？有时候答案很明了，有时候你就得花点脑筋。

王英是一家电脑公司的销售代表，她很满意自己的销售业绩，不止一次向老板解释，她为说服一家小电脑商买公司产品费了多大劲。但老板只是点头微笑而已，然后告诉她："你怎么不多考虑一下那些一次就定300台的大主顾呢？"王英恍然大悟，从此她开始把注意力从小主顾转到大批发商身上，使生意做得更大。

（2）说话谨慎

俗话说：祸从口出。职场表面上似乎十分单纯，实际其中的关系也许极度复杂。从没有引起你注意的前台小姐也许就是老板的熟人，看起来没有权力的老大姐级的职员，也许她的亲戚或她的丈夫就是你顶头上司。

女人往往喜欢闲聊，说得多了难免东家长西家短地八卦起来，也难免透露一些工作中的机密。没有背景的你一定要注意说话，宁愿少说话也不要说错话。

（3）助老板一臂之力

这个世界早已不是男人的天下，女性也可以有自己的事业，但是当女性一味追逐个人野心时，就会很容易忘记你受重用的最基本条件——老板认为你会助他成功的。

露西是一家器械连锁店经理秘书，她和经理莫尼卡一致认为，如果公司扩大，生意肯定会翻倍，可莫尼卡一直不能使上级管理部门相信扩店会带来可观的利润。在一次会议上，一位上级负责人问露西工作得怎样，露西答道："我喜欢莫尼卡的工作态度，把所有商品和顾客挤压在这么小的地方，换了其他经理，早该嘀咕了。上周，我们就不得不直接在货车上经销电视机。要是我们有更多的空间就好了，顾客准会更满意。但我们会从实际出发，尽力而为。"不出几日，公司给莫尼卡的店增加了一间门面。果不其然，小店销售额顿时上升。莫尼卡对露西出色的表现大为赞赏。

（4）苦中求乐

工作中肯定会有轻重之分，如果没有相当的背景，难免别人会给你一些费力不讨好的工作，并不会因为你是女人而对你另眼看待。那么不管你接受的工作多么艰巨，不要抱怨，人生难免有一些困难的时候，抱怨既不能减轻困难，也不会得到别人同情，不如笑着面对好了。

如果你没有完成，大家也都知道你做的是什么难度的事情。如果完成了，那证明了你的本事，你的转机也许就因此而来。

（5）做老板的参谋

没有女性喜欢拍马屁，但她们又认为不拍马屁似乎就不能得到老板的赞赏。其实，用不着拍马屁，你也可以在各方面显示你的忠诚。

小梅是一位负责国际市场业务的副总经理的助手,有一天接到一个急任务,根据老板的指示赶制一份图表。制图表时,她注意到老板写的"当美元坚挺时,出口会增长"。小梅清楚这话反过来说才对,于是就改过来并告诉了老板,老板感谢小梅纠正了他的疏忽。第二天,老板的发言相当成功,于是他对小梅的工作能力赞赏有加。

(6)勇于承担责任

任何人都会犯错误,女人在职场要想不犯错误简直是不可能。遇到难以完成的事情,争取过来做就是了。表面看起来这似乎是在做不可能的事,但是你也许不知道,在公司中很少有上司因为下属没有完成一件困难的事情而解雇下属的。

有困难的事情实际上是一个机会,同时也显示了你勇于为公司、单位承担责任,实在是你表现的机会、是你的机遇。

(7)提前上班半小时

很多人都特别留恋早晨温暖的被窝,总是在上班前5分钟才急匆匆赶到。因为这样赶路,有时候难免就会迟到。别以为没人注意到你的出勤情况,上司可全都是睁大眼睛在瞧着呢!

知道每天提前一点到达的意义吗?著名的打工皇后吴士宏就是用每天早到半小时这种精神从IBM低层的员工,发展到了今天的地位。早到半小时,不但给你的形象会带来巨大的好处,而且会真正影响到你每天的工作状态。

想想看，当别的女人还在化妆或者正急匆匆赶拥挤的公车的时候，你已经坐在办公室开始了对一天工作的规划，你们的区别会在哪里？这看起来很小的优势会让你在短时间内将所有的竞争对手拉开很大的距离。

（8）善于学习

当吴士宏以大专的学历进入IBM的时候，她的同事不但有很多是本科生、研究生，甚至还有博士和海归派。不过最终在竞争中脱颖而出的却是这个学历最低的女人。为什么？就是她善于学习。

今天的吴士宏是什么样的学历？恐怕是很难衡量的。不过让她去给著名高校的MBA讲讲课完全没有问题。

女人要想成功，树立终生的学习观是必要的。既要学习专业知识，也要不断拓宽自己的知识面，往往一些看似无关的知识会对你的工作起到巨大的作用。很多报纸、杂志看起来只是一些庞杂的无用知识，实际上也起到了开阔视野的作用。记住一句话：开卷有益。

（9）为老板解燃眉之急

女性要想升职的一个重要环节，就是要时刻帮助你的老板解决棘手的难题。

琳是一所大学的负责注册工作的主管秘书。主管罗杰尔所掌管的注册系统很混乱，许多班级名额超员了，可有些班人数又太少而面临停开的危险。琳向罗杰尔自告奋勇，领头去加以改进，罗杰尔高兴地答应了。结果，系统大为改观。当罗杰尔提升为一所联合大学的注册主管时，他提升琳为副主管，琳帮他改进注册系统一事使他赏识。

（10）反应要快

永远要记住，上司的时间比你的时间宝贵。所以，对于上司临时指派给你的工作一定要尽快完成，千万不要让上司找你来催促你，接到任务后要迅速完成，然后主动汇报。这不但是一个人能力的问题，而且牵扯到上司心目中对自己计划执行情况的估量。

如果你总是能够完成上司指定的工作，无疑在上司心中，你的执行能力会大大提高。现在执行能力甚至超过策划能力，很多事情能够策划的人很多，而能够执行的人却寥寥无几。

（11）保持冷静

遇到紧急事情，发怒生气是无济于事的，最重要的是保持冷静。保持冷静固然不会改变局面，但是起码让你能够思考如何来应对。面对任何困境都能处之泰然的人往往是那些能够解决问题的人。

在与人交往中，这一点尤其重要。很多女人之所以得不到提拔，主要的原因就是过于喜怒形于色，心中藏不了事情。这样的人领导怎么放心告诉你机密，你怎么能够成为心腹？

（12）巧妙地赞扬领导

许多经理都想得到下属的恭维，特别是当经理是位男士的话，他更期望得到女性的赞美，这样往往比男人赞美男人更有效果。聪明的你可以在这点上使他们满意。如果他做成一笔大生意，你也可以说："我真佩服，你究竟是怎样搞定这一笔大买卖的？"

向上一级主管赞扬你的经理可以得到出人意料的回报。但千万注意不要用诸如"鼓舞人心的领导"之类含含糊糊的话来奉承。好的恭维应该是具体并且让主管听了也顺耳的。

露丝是一公司业务主管,在一次董事会上被问及工作怎样时,她回答道:"总管史密斯先生可是个懂管理的行家。他一直努力使公司业务繁忙,欣欣向荣,而且管理得井井有条。此外,他还很注意与职员沟通感情呢!"事后,史密斯先生对露丝说:"真高兴得知你我有一致的管理风格,现在告诉我,你有什么困难没有?"

培养与上级良好的关系不仅使你获益,而且使你踏上成功的阶梯,你同时也已帮助你老板和公司做了一件很出色的工作。

(13)保持平常心

即使你做好了上面的一切,也不一定会升职。成功需要机遇,即使一件十分简单的事情也有可能出现复杂的变化。女人要成功本来就比男人成功麻烦一点,做好足够的心理准备并不是一件坏事。

当你以为成功就在眼前却没有得到提升的时候,这时如果没有心理准备往往就会自暴自弃。也许,就在你选择放弃的时候,真正的机会就会到来。所以,平常心的心理准备不但能够减轻你的失落感,同时也能给你带来更多的机会。

不仅运动员需要具有良好的心理素质,一般人在工作、学习中也十分需要。保持平常心、提高心理素质是女人成功的必要准备。

3. 做一行，爱一行

有人问英国哲人杜曼先生，成功的第一要素是什么，他回答说："喜爱你的工作。如果你热爱自己所从事的工作，哪怕工作时间再长再累，你都不觉得是在工作，相反像是在做游戏。"

一个人，无论你从事的是怎样的职业，也无论你当初选择这份工作的原因是什么，只要你选择了这个企业，就要热爱这个企业，拥有了这份工作，就要热爱这份工作，这就是职业道德感。

女人一生中扮演的角色有很多，子女、学生、同学、朋友……职业人也是其中一种。当我们能忠诚地做好其他角色的时候，为什么就不能忠实地扮演好职业人这个很重要的角色呢？

也许你现在很迷惘，不知道前方的路该怎么走，整天是做一天和尚撞一天钟。那是因为你没有给自己定位好，没有热爱自己的工作，没有热爱自己的公司和老板，没有明白职场中真正的职业精神。

如果你想获得老板的信任，你就必须要做一行爱一行，干一行专一行，懂一行精一行。要有"勿以善小而不为，勿以恶小而为之"的敬业观念。天下有大事吗？没有！任何小事都是大事。集小恶则成大恶，集小善则为大善。培养良好的职业精神，是从那很小很小的事开始的。这种精神是慢慢建立起来的，而不是专门找到大事就有的干。

在日本国民中广为传颂着这样一个动人而真实的故事：

很多年前，一位少女来到东京帝国酒店当服务员。

这是她初入社会的第一份工作，因此她很激动，暗下决心，一定要好好干！可是她没想到，上司竟安排她洗厕所！

洗厕所！没人爱干，更何况是从未干过粗重活，细皮嫩肉，喜爱洁净的少女呢！当她用自己白皙细嫩的手拿着抹布伸向马桶时，胃里立刻"造反"，翻江倒海，恶心得想吐却又怎么也吐不出来。而上司对她的工作质量要求特高，必须把马桶抹洗得光洁如新！

这时候，她面临着人生第一步怎样走下去的抉择，是继续干下去，还是另谋职业？继续干下去——太难了！另谋职业——知难而退！还是放弃回家去种地？可她不甘心就这样败下阵来，因为她想起自己初来曾下过的决心，人生第一步一定要走好，马虎不得！正在这关键时刻，同单位一位前辈及时地出现在她面前，帮她迈好了这人生的第一步，帮她认清了人生路应该如何走。

前辈一遍遍地抹洗着马桶，直到抹洗得光洁如新，然后，从马桶里盛了一杯水，一饮而尽喝了下去！实际行动胜过万语千言，他不用一言一语就告诉了她一个极为朴素、极为简单的真理——光洁如新，要点在于"新"，新则不脏,因为不会有人认为新马桶脏,也因为新马桶中的水是不脏的,是可以喝的;反过来讲,只有马桶中的水达到可以喝得洁净程度,才算是把马桶抹洗得"光洁如新"了,而这一点已被证明可以办得到。

他送给她一个含蓄的、富有深意的微笑,送给她一束关注的、鼓励的目光。她早已激动得几乎不能自持,她目瞪口呆,热泪盈眶,恍然大悟,如梦初醒!她痛下决心:"就算一生洗厕所,也要做一名洗厕所洗得最出色的人!"

从此,她一直秉着这样一种真正的职业精神,从事着各种工作,一直到做了日本的邮政大使。

你看了这个故事是否有什么感想呢?如果有的话,你已经在变化了,在开始变好了;如果只是当作小故事一带而过,那么你还是不明白什么是真正的职业人,什么是真正的职业精神,你要走的路还很长,甚至是有不少的弯路。你要逐步学着去向清水学习,干就干好,要忠心耿耿的去完成职位赋予你的职责,做一个真正的职业人。

一个女人无论从事何种职业,都应该尽心尽责,尽自己最大的努力,求得不断地进步。这不仅是工作的原则,也是人生的原则。

忠于职守是一个人价值和责任感的最佳体现。无论是在一个企业,还是在行政部门,不同岗位的人尽管拥有不同的岗位职责,但任何一位成功者,都是对工作勤勤恳恳、任劳任怨的。

丽丽是一家工厂的仓库保管员，平日里也没有什么繁重的工作可做，无非就是按时关灯、关好门窗、注意防火防盗等。但丽丽却是一个做事非常认真的人，她并没有因职位的低微而放弃自己的职责，相反，她做得超乎常人地认真。她不仅每天做好来往的工作人员提货日志，将货物有条不紊地码放整齐，还从不间断地对仓库的各个角落进行打扫清理。她常挂在嘴边的一句话就是"职位虽小，但责任重大"。凭着这份难得的责任心，三年过去，仓库居然没有发生一起失火失盗案件，其他工作人员每次提货也都会在最短的时间里找到所提的货物。

年终，在全体员工大会上，鉴于丽丽在平凡岗位上所做出的不平凡业绩，厂长按老员工的级别亲自为她颁发了3000元奖金。这种做法使好多老职工不理解，丽丽才来厂里三年，凭什么能够拿到这个老员工的奖项？她是不是厂长的什么亲戚？丽丽是不是有背景？一时间，人们议论纷纷。

厂长看出了存于大家心里的疑问，也看出了她们不满的神情，于是说道："你们知道我这三年中检查过几次咱们厂的仓库吗？一次都没有！这不是说我工作没做到，其实我一直很了解咱们厂的仓库保管情况。作为一名普通的仓库保管员，丽丽能够做到三年如一日地不出差错，而且积极配合其他部门的人员的工作，对自己的岗位忠于职守，比起一些老职工来说，丽丽真正做到了爱厂如家，我觉得这个奖励她当之无愧！"

从丽丽的工作经历中，我们明白了这样一个道理，成功隐藏在每天的日常工作中，换句话说，对工作负责，即便是企业中微不足道的工作，也要百分百地尽职尽责，这是人生的一种境界，当这种信念贯穿在一个人的整体意识当中，渐渐就会演变成为一种处世的态度，而这种持之以恒的力量所带来的巨大成功，也许是你始料不及的。

只要你在自己的位置上真正领会到"认真负责"四个字的重要性，踏踏实实地完成自己的任务，不论职位高低，都能兢兢业业，那么，你迟早会得到回报的。

一份英国报纸刊登一则招聘教师的广告："工作很轻松，但要全心全意，尽职尽责。"

事实上，不仅教师如此，所有的工作都应该全心全意、尽职尽责才能做好。而这正是敬业精神的基础。

一个人无论从事何种职业，都应该尽心尽责，尽自己的最大努力，求得不断地进步。这不仅是工作的原则，也是人生的原则。如果没有了职责和理想，生命就会变得毫无意义。无论你身居何处（即使在贫穷困苦的环境中），如果能全身心投入工作，最后就会获得经济自由。那些在人生中取得成就的人，一定在某一特定领域里进行过坚持不懈的努力。

知道如何做好一件事，比对很多事情都懂一点皮毛要强得多。

在德克萨斯州一所学校作演讲时，一位总统对学生们说："比其他事情更重要的是，你们需要知道怎样将一件事情做好；与其他有能力做这件事的人相比，如果你能做得更好，那么，你就永远不会失业。"

一位先哲说过："如果有事情必须去做，便全身心投入去做吧！"另一位明哲则道："不论你手头有何工作，都要尽心尽力地去做！"

做事情无法善始善终的人，其心灵上亦缺乏相同的特质。她不会培养自己的个性，意志无法坚定，无法达到自己追求的目标。一面贪图玩乐，一面又想修道，自以为可以左右逢源的人，不但享乐与修道两头落空，还会悔不当初。从某种意义而言，全心追名逐利比敷衍修道好。

年轻的女性朋友，热爱你的工作吧！它会使你感受到工作的美妙与乐趣。尽心投入你的工作吧！它会使你编织出光彩灿烂的事业之花，从而使你在工作中发出最快乐、最动听的笑声。

4. 不要寻找任何借口

那些喜欢发牢骚、闹别扭，生活在不幸中的人都曾经有过梦想，却始终无法实现自己的梦想。为什么呢？因为他们有找借口的毛病。

不知道那些喜欢寻找借口的人是怎么养成这种习惯的。这些借口又能给他们带来什么样的好处呢？或许他们认为这样说会给他们的心理带来些许安慰，或许出于一种自我保护的本能。但不管怎样，有一点是很清楚的，任何借口都是不负责任的，它会给对方和自己带来莫大的伤害。如果为了敷衍别人或为自己开脱而寻找借口，则更是不诚实的行为。

真诚地对待自己和他人是明智和理智的行为。有些时候，为了寻找借口费尽脑汁，不如对自己或他人说"我不知道"。

这是诚实的表现，也是对自己和别人负责任的表现。这在某些方面恰恰是自信的表现。一个人在失去自信的时候，很容易为自己找很多借口，这其实是一种逃避行为。

在西点军校一直奉行着一种行为准则——执行命令，不要任何借口。西点的学员不管什么时候遇到学长或军官问话，只能有四种回答：

"报告长官，是。"

"报告长官，不是。"

"报告长官，不要任何借口。"

"报告长官，我不知道。"

除此之外，不能多说一个字。这条准则就是要求每一位学员想尽办法去完成任何一项任务，而不是为没有完成任务去寻找任何借口，哪怕是看似合理的借口。目的是为了让学员学会适应压力，培养他们不达目的誓不罢休的毅力。它让每一个学员懂得：成功是不需要任何借口的，失败也不需要任何借口，你的人生也不是由任何借口来决定。

如果员工都能向老板一样，用"没有任何借口"来严格要求自己的话，那么他就能出色地主动地完成任务，并能创造卓越。

吴越是一个残疾青年，腿脚不便，在车间里当普通的操作工。在一般人来看，吴越是根本不适合干这种工作的，因为这个车间是流水线的程序，每一个员工应该非常迅速地掌握操作过程，熟练地把产品的插板焊接上一个部件，然后按动按钮送到下一个人操作。如果稍有怠慢，就会影响整个车间的工作，流水线路堵塞会造成很大的损失。刚开始吴越应接不暇，流水产品一个接一个在她的工位前停留下来，她急得满头大汗。由于她的行动不方便，拿焊接机的手有些不稳，甚至用不上劲，无法把螺丝准确地上在产品的合适的位置上。领导对她发脾气，同事对她不满意，有的人还讽刺她说："你本来就不是干活的料，干脆回到家休息去吧！"

吴越是个不轻易服输的青年，她决心用行动证明自己能干好这项工作，不但要干好，而且还要超越同事。虽然自己是残疾人，但她想自己没有任何借口向上司和同事要求特殊对待，顽强的斗志促使她付出加倍的努力来证明自己的价值。

于是，她比任何人都用心工作。早晨厂房门还未开，她就来到门口等着，手里拿着流水程序的操作技巧书；下班后，她一人仍然在研究这条流水程序的原理。同事说："你只管自己干好活就行了，还看什么其他的活是如何干的，真是傻瓜！"但是吴越不听劝告，她知道只有勤奋地工作，每天多干一点点，每天多学习一些新东西，自己才会超越别人。千万不能为自己找借口。

一年后的夏天，工厂由于产品的销路不好，故宣布裁减人员并招聘新的厂长上任,重新调整厂内体制。大家一看厂门口的海报都愣住了。因为吴越不但没有被辞退,而且被提升为厂长,让她分管厂内事务。

上述事例是当今职场中比较常见的现象。无论你是健全的还是身体有些缺陷的,对任何工作都要尽心尽力,并要没有任何借口地追求卓越,你才能成功。因为企业老板不会因你的缺陷或能力有限而另眼看待,让你少干活,多给薪水。只有自己拯救自己,方能走向成功。

5. 做自己喜欢的工作

在相对论中,有这样一段论述:

当一个小伙子独自一人坐在温暖的火炉旁时,他会觉得昏昏欲睡,仿佛一分钟就像一小时那样漫长,而当他和一个美丽的姑娘坐在冰天雪地里的时候,他就会觉得时间飞逝,一小时就像一分钟那样短暂。

这段有趣的论述,除了通俗地解释了相对论以外,还告诉我们另外一个道理。心理学家认为,当一个人正在做自己所喜爱的事情时,他的心情是最愉快的,态度也是最积极的,而且在这种情况下所发挥的才能也最大,也最容易成功。

卓越网总裁王树彤就说过:"做我喜欢做的事,把握自己的能力。"

王树彤学的是无线电通信专业,毕业于北京电子工程学院。毕业后,便在清华大学软件开发中心当老师。这一行业一直是她喜欢并擅长的。1991年底,她考入了外企,在一家电子设计自动化的公司工作,后来,她又同时考上了IBM、AT&T及微软。最后她选择了离家最近的微软。数年后王树彤仍心存感激地说:"我有时相信命运的安排,因为在微软的6年对我影响太大了。这一行业成就了我。"

在微软,王树彤踏实肯干的作风,经常受到上司的表扬和同事的认可。她擅长与各种不同的人沟通交流,从而学到不少东西。"那6年包容太多,让我学会如何做一份工作,如何开始职业生涯,如何做一个很好的经理人以及如何去管理自己的职业发展,然后慢慢去了解自己需要什么,将来的路应该怎样走。"在微软的经历,王树彤除了职业上的收获外,最重要的是她学会了整套想问题的思维方法。"如果你有一个很正确的思维过程,它会带着你得出正确的结果。"正是有了这样的思维方法,1999年4月,王树彤来到了另一家极不普通的外企——Cisco。

然而就是在Cisco公司冲向市值最高的时候,王树彤义无反顾地来到了金山和联想共同投资的卓越网。"为什么离开Cisco,我对这个问题想得很清楚。我一开始在外企工作时就想过,我不可能一辈子待在这儿,有一天我一定要学以致用。看过也到过那么多优秀的外企,我一直在想什么时候我们能有这样的企业。这是我心底里一直蕴藏着的一个愿望，现在互联网给了我实现这个愿望的机会，我绝不能错过。"她说。

　　王树彤清楚自己要做什么、能做什么、喜欢做什么，所以不管是在当初互联网的狂热当中还是今天互联网光环褪去的冷静时刻，她对互联网的感觉一直都很清晰。未来的大方向是一定的，接下来是怎么踏踏实实去做。在分析了市场上amazon、当当模式后，王树彤认为，电子商务在中国有很多障碍，除了经常提起的基础设施薄弱外，最重要的是，中国人的消费观念不可能一下子逾越障碍，并没有许多人在需要商品时想到在网上购买。今天的网上消费还是一种消遣和尝试。王树彤决定一改当当的模式，而是采取俱乐部的形式，以书籍、CD等文化商品为突破，尝试做电子商务。简单来讲，卓越采用的商业模式是"小品种、大批量"，也就是说，商品品种经过精挑细选，只有几十种。这样，一来可以减轻库存压力，获得批量优势。二来保证快速的配送速度，确保本市24小时内送货，使得资金、管理成本大大下降，更避免了成为"网上书目"，而无真实库存，避免了网民买书还要去上游厂商进货的尴尬境地，并且配送速度快捷，减少了配送时间。

　　所有这一切王树彤都以最饱满的热情去做，因为她说："我乐在其中""赚钱都是其次要的"果然卓越真的取得了不菲的成绩，一天最多卖出近5000多套产品。而且，一套共11本书《加菲猫》三个月的网上销量就等于西单图书大厦相同产品5年的销量；一套由11张VCD组成的

《东京爱情故事》一个月的销量则是北京音像批发中心两个月的总进货量。王树彤说:"其实我们都低估了互联网的力量。我们也没有想到会如此之快地取得今天的成绩。"

在生活、工作任何方面王树彤都选择自己的喜爱,从来都是听由内心的召唤。她很会调理自己,"周末完全属于自己,不再想任何有关工作上的事情,而且,我每年休假都去旅游。"王树彤做人的原则特别简单,"因为我的脑子没那么快,也没那么聪明,对我来说,掌握最简单的原则就是最好的。生活对我来说就一件事情,做我喜欢做的事,把握自己的能力,不断往前走,同时与我喜欢的人在一起。"

当一个人从事自己所喜爱的工作时,她会觉得快乐无比,充满信心,干劲十足。而且,她也会在所喜欢的领域里发挥出最大的才能,创造出最佳的成绩。工作开心,生活也会开心。反之,只是为了别人而存在,天天干苦力,天天发牢骚,既影响了自己的情绪,也损坏了自己的身心健康。

6. 用忠诚赢得信赖

每个老板都希望自己的员工忠诚、敬业、服从。对于他们而言，员工加入公司是一种要求绝对忠诚的行为，这是在经营管理过程中需要反复地传播和灌输的理念。

在我们的一生中，最需要的就是寻找一项适合自己的终身事业，而不是自己的大半生都在从事的工作。它能给我们带来快乐、发展、财富甚至成功。它可以使我们全身心地投入，同时也能给我们相应的回报。

要想使自己的精神获得安宁，最好的办法就是找一个踏实稳定的目标。一位成功学家说："如果你是忠诚的，你就会成功。"只有忠诚于你的工作，你的全部智慧和精力可以专注在这个事业上。一个对自己岗位忠诚的人，不只是忠于他自己的理想，忠于一个公司，忠于一个行业，而且还忠于人类幸福。

忠诚，这一美德可以引导我们获得荣耀、名声及财富。忠诚能给我们带来自我满足、自我尊重，是一天24小时都伴随我们的精神力量。作为一种成功者的特质，忠诚和专心致志是一对孪生兄弟。

老板最明白忠诚的价值，只要你忠诚地投入到工作中，就能赢得老板的信赖，从而获得晋升的机会。在这样一步一步前进的过程中，我们就不知不觉提高了自己的能力，争取到成功的砝码。相反，表里不一、言而无信的人，一边为公司做事，一边打起了自己的小算盘，耍两面派，即使一时得意，但最终还是会害了自己。

忠诚于公司，跟老板的利益一致化，荣辱与共，全心全意为老板做事，把工作当成自己的事业去追求。公司成功了，自己自然也就赢得了成功。

李哲是一家文化公司的普通职员,从事电脑打字,复印之类的工作。她的工作室与老板的办公室之间只隔着一块大玻璃,她只要愿意,一抬头就可以看到老板的举止,但她从不向那边多看一眼。

　　李哲每天都有打不完的材料,她知道只有忠诚勤勉地工作,才能为公司创造效益,为自己改变现状。她处处为公司打算,打印纸从不舍得浪费一张,如果不是要紧的文件,她会把一张打印纸两面用。一年后,公司的资金短缺,员工工资开始告急,员工纷纷跳槽,最后公司只剩下几个人了。

　　这时,李哲并没有随波逐流。她知道在公司的危急关头,不能置之漠然,而应该主动承担更多的任务,与老板共度患难。李哲在主动完成任务的同时,还积极研究市场的策划方案,两个月后,她的策划方案,成功地为公司拿到了2800万美元的支票,公司终于有了起色。以后的四年,李哲作为公司的副总经理,帮着老板做了好几个大项目,又忙里偷闲,炒了大半年股票,为公司净赚了500万美元。许多炒股高手问她是如何成功的,她嫣然一笑说:"一要用心,二要没私心。"

　　是的,在职场中耕耘奋斗的我们一定要真心实意地为老板做事,心胸宽广,诚恳踏实,这样你才能像李哲一样获取成功。从李哲的身上,我们可以看到忠诚的魅力,它是一个员工的优势和财富,它能换取老板的信任与坦诚。如果你有了忠诚的美德,总有一天,你会发现它已成为你巨大的财富。

　　忠诚,也是我们的做人之本。如果你失去了忠诚,丢失了这个做人的本质，同时你也就失去了成功的机会。

忠诚不是从一而终，而是一种职业的责任感；不是对某公司或者某人的忠诚，而是一种职业的忠诚，是承担某一责任或者从事某一职业所表现出来的敬业精神。

对于老板来说，越往高处走，对忠诚度的需求就越高。相应的，我们的忠诚度越高，就越有可能获得提升。由此可见，忠诚对于一个职业人士来说，是多么的重要！让我们忠诚地做人，忠诚地做事，攀登成功的高峰！鲜花和掌声永远属于忠诚于职业的人！

7. 将敬业进行到底

"不到西天，死不回国""不得真经，永堕沉沦"，是什么使玄奘立下如此的誓言，抛开利欲、拒绝美色？是什么注定他的超俗与不凡？一片诚心，一往无前，不到灵山，不回不还！十世修行的深厚积淀，十七载坎坷的千锤百炼。是什么精神使玄奘不违天命、不负皇恩，取得真经？归根结底就是敬业精神。

敬业，意味着对事业全身心的投入，意味着承受常人无法承受的痛苦，意味着长时间的艰苦劳作，意味着勇于接受前进道路上的任何挑战。百丈高楼起于平地，万米之台尺寸积累。成就大业者，多是凤兴夜寐、孜孜以求的。吃苦耐劳的品质永远是敬业精神的重要组成部分。在人生漫长的旅途中，每个人

都有遇到事情执着而不退却的时候，如果能将这种态度转化为工作的动力，那就是敬业。

著名的女指挥家张培豫就是这样一位为了音乐可以去死的成功者。然而，也正是她敬业的精神和素质造就了她的成功。

张培豫是一位世界著名的指挥家。在西方乐坛上，指挥这一行业是男士的世袭领地。张培豫却靠着超凡的实力打入欧洲乐坛，并出任德国卡塞尔歌剧院的首席指挥。

世界著名指挥家祖宾·梅塔称张培豫为"与生俱来的指挥家"。他说："我认为她在音乐上有无可限量的才华和能力，并有足够的音乐经验足以领导一个高水准的乐团。"指挥家小泽征尔、马泽尔·罗林也极其钦佩她的才华。

张培豫极其敬业，她的敬业精神是出了名的，她曾创下一个月内指挥三场高水平音乐会的纪录，也曾在不到半年的时间内指挥过八场盛大的演出。《人民音乐》杂志的一篇文章这样形容她：像一架上满发条的钟，在不停地转着、走着。张培豫对乐队要求以严格而闻名，但她要求最苛刻的还是自己。她有一种为了艺术可以不顾一切的精神。

青年时代的张培豫只是台湾地区的一名乡村女教师，她因调教有方，率团三次夺取台湾中部小学合唱比赛冠军而小有名气。一次演出前，她摔伤了，医生嘱咐她必须静养，她却坚持打着石膏参加了排练和演出。一位观看演出的台湾教育奖学金评委目睹此景，深为感动，极力为她申请赴奥地利留学的奖学金，使她实现了到音乐王国求学的夙愿。

张培豫的敬业精神，不仅为她赢得了走向音乐事业的重要机遇，也是她事业取得成功的根本。在北京指挥贝多芬专场音乐会之前，她突然生病了，大家都担心她是否会推迟演出，熟悉她性格的大提琴家司徒志文却说："只要不倒下，她会不顾一切地坚持演出"。果真，她最后如期而至，并且执棒的曲目还是力度最大的贝多芬第五交响曲，即《命运交响曲》。

一个月后，在指挥另一场演出时，上台前她一直头疼，吃了几片止痛药后，她就又出现在指挥台上。她说："本来我可以节省点力气，但我对音乐一向是全力以赴的。"

张培豫曾对记者说过这样一段话："音乐与我的心结合在一起，它是从我的心里流出来的，是我的肺腑之言……当我把音乐做好，我就得到了最大的满足，这是我生活的目标，也是我从事指挥的意义所在。"

"我热爱音乐，太热爱了！没有任何其他的事情可以超越它，也没有任何其他的事情能够让我如此投入。哪怕我走得再艰辛，我也不会放弃。"

这一番肺腑之言，的确能引起我们的沉思。

张培豫的敬业精神使她从一个普通的乡村女教师登上了德国卡塞尔歌剧院首席指挥家的宝座。这与她对音乐的执着追求精神和与音乐融为一体的忘我精神，并为了音乐可以牺牲自我的精神是分不开的。音乐是她的全部，她的一生就是一场接着一场的精彩的音乐会。在张培豫的人生当中，成功的要素便是她的敬业精神。

任何一个双手插在口袋里的人，都爬不上成功的梯子。只有那些热爱自己的事业，对自己所追求的目标全身心地投入的

人，才会获得人生的成功。

那么，如何培养我们"热心"的态度呢？你不妨从这几个方面做起：

（1）深入了解每个问题。我们对许多事情、许多问题不热心，并不一定就是我们对它漠不关心，而是我们对它不了解。想要对某个事情热心，先要学习更多你目前尚不热心的事，了解得越多，越容易培养兴趣，而一旦有了兴趣，你就会对这个事物热心起来。

所以如果你下次不得不做某件事情时，一定要应用"深入了解"这个原则；发现自己对某个事物不耐烦时，也要想到这一原则。你只有进一步了解事物的真相，才会挖掘出自己的兴趣，也才能在工作中做出成绩。

（2）做任何事情都要充满热忱。在实际生活和工作中，你是不是热心，有没有兴趣，都会在你的行为上表现出来，你没有办法隐瞒。比如，我们与别人见面，握手时应紧紧握住对方的手，说："很荣幸认识你"或者"我很高兴再见到你"，这种语言以及身体语言所传递出的信息，表明你这种礼节是真诚的，你也是热心的，不是应付差事的。而你如果畏畏缩缩有气无力地与别人握手，效果可能还不如不握。你的这种行为，只能给人一个死气沉沉、半死不活的不良印象。可以想象，这么一个人要在工作上做出成绩、要取得人生的成功其实是不可能的。

（3）在生活和工作中，多给人们带来好消息。在我们的现实生活中，传播坏消息的人远多于传播好消息的人，正所谓"好事不出门，坏事传千里"。但是，你一定要记住：散布坏消息的人永远得不到朋友的欢心，也永远一事无成。而你经常传播好消息，肯定可以成为一个受大家欢迎的人。

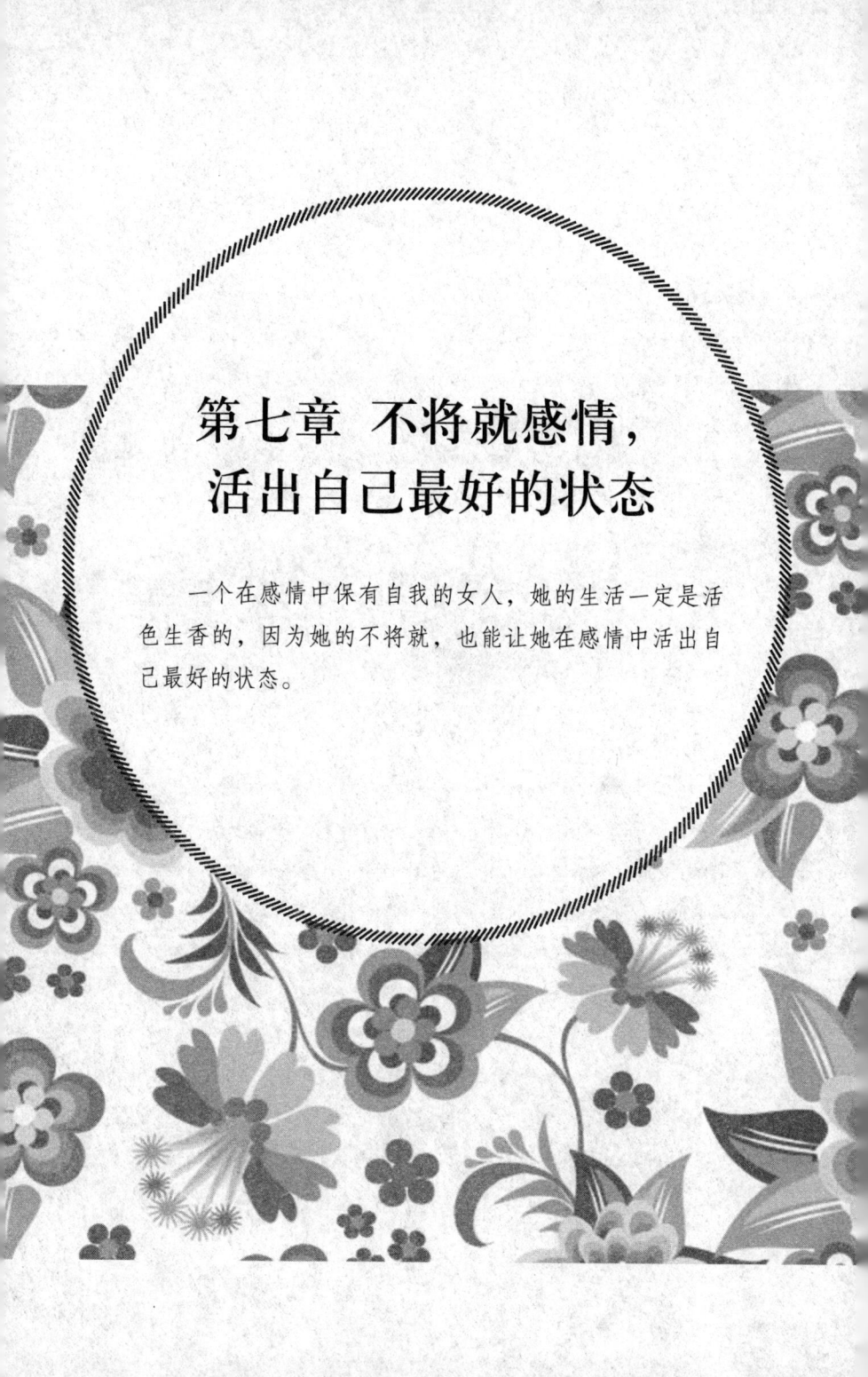

第七章 不将就感情，活出自己最好的状态

　　一个在感情中保有自我的女人，她的生活一定是活色生香的，因为她的不将就，也能让她在感情中活出自己最好的状态。

1. 不要把崇拜当成爱

女人总是向往被人呵护、宠爱的感情，因此，一般的女性都更容易爱上比自己强的男人，都想要有一个能包容自己、照顾自己的爱人。女人心中都有一个理想的梦中情人，什么困难到了他手中都是小菜一碟，不费吹灰之力就解决掉了，在自己遇到危险的时候他总是在最关键的时刻出现，像一个英雄那样力挽狂澜。虽然女人也很理智地知道这不过是个童话故事，但还是不自主地在追寻着这样的男主角。

虽然崇拜容易变成爱情，但毕竟不是同一种感情。只是这两种感情有时候又很难分清，感情总是最复杂的，女人往往会把自己崇拜他的感觉，错误地定位为爱恋，而茫茫然一头扎进去，结果却发现这并不是真正的爱情。

花工作之余很喜欢上网聊天，和其中一个叫做磊的网友聊得最开心。他是一家大建筑公司的总设计师，声音非常具有磁性，普通话说得像播音员一样标准，文学功底深厚，读的书很多。花看到他发过来的以前写的诗歌和文章，那么优美流畅，为他的才气惊叹不已。花于是开始了和他的网恋故事，花很喜欢这种感觉，她觉得网恋带给人

的魅力在于，让人回到了年轻时浪漫的心态，总是有一种期望，就像《周渔的火车》里的周渔一样，始终处于一种寻寻觅觅的状态之中。所以尽管磊已经很多次向她提出了见面的要求，可是花还是没有同意。

磊是一个很健谈的人，和他聊天的时候，花觉得自己就像一个无知的女孩，慢慢地，花觉得自己也许已经爱上了他，他的一切都令花十分迷恋。于是他们终于见面了，磊的样子和想象中差不多，但是花在面对真实的磊时却觉得没有了那份特殊的感觉。花突然想起大学时班里最优秀的那个男生，那是花追逐的目标，在一起参加完学校的辩论赛后，花和他成了好朋友，以前那种崇拜的感觉被一种英雄相惜的感觉代替了。花觉得，现在的自己似乎遇上了同样的心情，以前的那种缥缈的爱恋不过是种崇拜感，现在已如同往事。

其实，像花一样，即使一时把崇拜当作爱恋，在理智的思考后，聪明的女人也可以辨别两者的区别。爱情与崇拜的区别就是：爱情就是当你知道他不是你崇拜的人，而且明白他还存在着种种缺点时，却依然选择了他，不曾因为他的缺点和弱点而抛弃他。

女人很容易爱上自己崇拜的人，但不会爱上自己崇拜的每一个人。在同一时间段，崇拜的人可以有很多，但爱的人只会有一个。崇拜是对自己梦想的向往，因为他做到了你想做却没有做到的，所以你崇拜他。在你的眼中，他是完美的，就像神一样永远在不可赶超的地位，你敬畏他，又渴望接近他。而爱情是两个人之间平等的对话，爱一个人，在期待他的关心时，你也会想照顾他。就像有人说的，爱情是你明知他穿得像个土老帽，还愿意和他出去示众；是你鄙视商人而他偏偏是个可爱的小商贾；是你素有洁癖却甘愿为他洗油腻腻的饭盒和脏兮兮的球鞋。

心态成熟的人更不容易被这种感情迷惑，所以，如果你觉得自己也许爱上了一个人，先冷静下来，理智地想一想，自己到底是崇拜他还是真的爱上他了。不然，如果等以后再醒悟这不是爱情，那就太对不起自己的感情了。

童筱第一次参加公司聚会时看着别的女同事花枝招展的样子，觉得自己打扮得真是寒碜了，手忙脚乱中居然又把饮料洒到顶头上司雷的浅色西服上，童筱诚惶诚恐地准备挨批，却意外听到安慰的话。从此，童筱开始注意这个上司的一举一动。雷是一个十分受人欢迎的人，年轻有为，从来不摆领导架子，工作起来认真负责。在他的带领下，童筱他们一组在公司里总是表现最优秀的团队。熟悉起来后，童筱告诉雷他就是自己的偶像，要把他当作学习的榜样，雷笑着说一定会好好教她。雷没有食言，每次童筱遇到问题都会很耐心地帮助她解决，还教会她很多如何处理人际关系的技巧。

公司里慢慢地传出了童筱和雷的绯闻，有要好的女同事也旁敲侧击地打探过他们之间的进展，但是童筱很清楚，自己只是崇拜雷，但没有爱上他。童筱知道谣言的危害，于是开始注意不要和雷走得太亲密。雷却突然向她表

白了自己的爱意，而童筱想了很久之后还是拒绝了。好友问她你不是很崇拜他吗，为什么不答应呢？童筱回答，崇拜不是爱情，爱他才会想嫁给他，崇拜他却不会。

女人如果嫁给了自己的偶像，很容易会陷入迷失自我的状态中而去低眉顺眼，对他百依百顺，就像为神献身的祭品。婚姻是属于相爱的人对彼此的承诺，可是很多女人却以嫁给自己的偶像为幸福，这不过是盲目地崇拜，或者是虚荣心使然。

女人要善待自己，就不能把崇拜当作爱恋。爱情是女人的梦想，如果误把偶像当情人，那么，只会出现越来越多的矛盾，而无法品尝到爱情的甜蜜。

2. 找个心爱的男人结婚

结婚是一件庄严的事情，是女人人生的一次转折，它将女人从一个女孩引领上女人的征途，从此才算是长大。面对这神圣的时刻，浪漫要完全服从于现实。一个女人选谁为自己一生的伴侣，每个人都有不同的标准，也许正因为这些标准不同才导致了不同女人的不同婚姻和不同命运。如果说这里面也隐含着对和错的话，那么，这对与错不在于缘分，而更多的则在于选择的标准。

当一个女性对另一个人充满好感时，她会觉得对方什么都好，怎么看着都顺眼，这就是所谓的"情人眼里出西施"。把对方理想化，是热恋中的人不可避免的做法。但婚后，感情的炽焰慢慢熄灭，理想的思考开始慢慢抬头，我们会逐渐冷静下来，重新审视对方与自我，因而会发现，自己以前没发现或发现了也不在乎的缺点会暴露出来，此时便会产生"上当受骗"的感受，其实对方又何尝不是这样想的呢？

那么，理想的男人是怎样的呢？

（1）温和

性情暴躁、脾气乖戾的男人，人人都会对他敬而远之，女人更是避他唯恐不及。没有好人缘，更没有情缘，他处处被人孤立，时时受冷遇，他就像从野蛮之地冲入人群的困兽，没有人情味。

而性格温和的男人，深怀一种和善之心，那么易于亲近，处处显示一种体贴、关怀的善意。戒心强烈、容易受伤的弱女子，投靠温情的怀抱，感受和风细雨温存，她将沐浴幸福，深受陶醉，爱便油然而生。

（2）深沉

深沉是内在的精神修养，是阅历丰富的男子经过磨炼获得的独有魅力。为什么女性选择伴侣喜欢成熟的男人？正是被他深刻的内涵所吸引。

深沉并不是沉默寡言，有的女孩最初也被沉默不语的男性迷惑，但是经过接触她可能发现，他的沉默，或是无思想，或是拙于言辞，或是无主见。

真正的深沉是一种经验，是一种深思熟虑。男人切忌夸夸其谈，口无遮拦。作风轻浮，被斥为"嘴上无毛，办事不牢"。深沉还是一种稳健的风度，他不以年龄为标志，更不是老奸巨猾。这是一种少年老成的魅力，是担大任的素质。女人热爱深沉，看重的是这种男人的发展潜力，终身相许的，自然是能成大器的男人。

（3）可靠

有首歌中唱道："男人爱潇洒、女人爱漂亮……潇洒漂亮怎可靠。"

男人可靠，说明他待人处世可信度强。男人在事业上发展，缺乏令人信任的品质，就很难获得成功的机遇，没有一个上司愿意任用不可靠的下属，没有朋友愿意找不可信的人合作。在情场上常打败仗的，恰是那种不能赢得女人信任的男人。不被信赖，这是男人最不成功的人生。

男人为何不被信赖？

他或是能力低下。事业上，上司不敢委以重任，怕他力不从心，难当大用；情场上，女人寻找不到力量，难以委托终生。

因此，可靠是男人的第一美德，也是男人的最大魅力。

（4）刚强

刚强是一只铁炉，能够将男人炼成钢。百炼成钢的男子，站在女人面前是一只擎天柱，他百折不弯，任凭风吹雨打。人们常说，爱情是经不起一发炮弹的木帆船，哪个女人敢于登上这样脆弱的木船去经历几十年的婚姻风雨？刚强的男人能造大船，他能挺立船头为女人遮风挡雨。感情的波折，家庭的困难，一遇刚强，都化险为夷。这种安全感是只有从刚强的男人那里才能得到的，他永远不会做逃兵。

（5）果断

按照东方人的传统观念，男人在社会中应该处于领导地位，男人都应该是女人的领导。有人说，日本为什么发展那么快，就是因为合理高效的男女分工，男主外、女主内，男人主宰社会，女人为男人服务，所以男人都自信心极强，富有决断力。姑且不辩论男人的果断力是怎么丧失的，是不是被参与社会生活的女人埋没了、吓跑了。总之，中国的女人是喜欢处事果断的男人，女人从根本上不喜欢优柔寡断，办事拖泥带水的男人。

果断的男人令女人尊重。

大多数女人骨子里是愿意处于从属地位的，特别是在情侣眼里，唯唯诺诺的男人大丈夫，显得软弱可欺，没有骨气，一个连女人都能欺负住的男人准没出息。男人一挺起腰杆，说话掷地有声，女人就顿起敬意。有主见的男人，遇事勇于做主张的男人，都获得女人的尊重。

果断的男人令女人崇拜。

果断的男人有魅力，叱咤风云，指点江山，有领导者风度。女人遇到这样的男人就会乖乖地驯服，女人那些婆婆妈妈无理搅三分的招法就都失灵了，女人反而崇拜他。

男人在单位树立威信，才能赢得地位。

男人在家里树立威信，才能赢得爱。

（6）责任感

责任感强的男人不自私自利。社会赋予男人以神圣的使命，他要创造价值，推动历史进程。因此，男人勇于挑重担，他迎难而上，决不推卸责任。他不讲享受，不图安逸，不损人利己，助人为乐，关怀弱小，疼爱妻儿，他处处获得尊重。与这样的男人相恋相爱，女人会有无上的荣誉感，而这是一笔巨大的精神财富。

责任感强的男人尊重他人。

责任感是男人拥有的最高尚的品德，富有责任心的男人一定是个好丈夫，他会尊重爱情，忠于职守。得到尊重的女人，能够保持人格独立，获得身心自由，追求价值人生。想得到的都已拥有，付出的也得到尊重，这样的女人无怨无悔。

（7）独立性

独立性是男人成熟的标志，是男人的立身之本。男人最重要的是精神独立，树立独立人格。

女人不喜欢没有主见的男人。有的男人总被别人左右着，或是谈朋友、找工作都听父母的，整天我妈说如何如何，我姐说如何如何，令女友极其反感。还有的男人整天混在人群里，到处充当随从角色，没有号召力，也没有凝聚力，因此也无足轻重。男人有了独立人格，才能安身立命，才能发展自我，也才能保护自己心爱的女友，让女友放心地追随你，归属你。

（8）细心周到

细心周到的男人有长者风范，他像守护神一样陪伴女人，他是生活型的男人，与他在一起，女人会受到悉心照顾，令女人倍增幸福感，这样的男人有女人缘。

他善于倾听，乐于解答，和风细雨，温情脉脉。他喜欢家庭生活，热爱孩子，倾注心血教养子女。

他顾全大局，懂得谦让，忍耐力强，不争不抢，不强迫别人意志。

他会做家务，勤快主动，一切做过的事情都能达到井井有条。

细心周到的男人极讨女人欢心，也许他做不成什么大的事业，但他会全心全意地爱家、爱老婆、爱孩子。

（9）事业心

有事业心的男人以事业为重，追求发展前途，他把爱情与家庭摆在从属地位，但不能说他不重视，他反而更加需要温暖舒适的家，令他安定，令他放松，他相信书本上所总结的：一个成功的男人背后，必定有一个好女人。

为什么对于男人来说，事业是人生第一目的？事业心是最值得骄傲的品格，而女人却把男人的事业心排在她们欣赏的诸多优点之后。

这是时代的变迁，导致女人审美观移位。过去，夫贵妻荣，男人的功名利禄，带给女人以炫耀和尊贵。现代社会，女性解放，与男人比肩同行，许多女人的事业心、成功欲不亚于男子。女人自己能够得到的，她就不再感到弥足珍贵了，而且共同追求事业，容易怠慢缠绵的爱情，也容易产生家庭隔阂。个性强的女人是时时都想与男人换位的。

但是男人的事业心，仍是女人相当看重的。男人不思进取，懒惰消沉，甘拜下风，女人则脸上无光，虚荣心大受伤害。女人真是难满足。

所以，男人不能按照女人的心意塑造自己。事实证明，社会千变万化，男人仍然是社会的中坚，无论女人叫得多响，她最终也不愿意选择一个在社会上、在家庭里都无足轻重的男人为夫。不是吗？女人仍把事业心作为男人的一大美德。

有这些魅力的男人才是女人要找的好丈夫。但是，这里有一个误区：任何一个男人都不可能十全十美，只要在某一个方面能够满足女人的需要，特别是家庭的需要，那么就可以是个好丈夫。

3. 如果不爱他就不要接受他

爱情是个"双向选择"，男人选择女人的同时，女人也要选择男人。真正的爱情源于彼此发自内心的倾慕，建立在两情相悦的基础上。一旦一方没有选择另一方，爱情就不存在，任何挽留和努力都是多余。

可女人们天生多情又心软，面对一个疯狂爱恋自己的人总不忍心伤害，结果却往往让彼此伤得更深。

所以说，放弃该放弃的是无奈，不放弃该放弃的是无知。身为女人，不要对一个不爱的人留恋，更不能因为同情或寂寞而接纳他。虽然拒绝一个欣赏自己的人是一件残忍的事，但无论如何，你一定要拒绝，这样是对彼此最好的交代。

如果你不喜欢他，无论他怎样刻意去追求，你都不要答应。可那个男人却对那人说："放弃你我活不下去，我很爱你！"

女人们听到这样的话，通常都会很感动，因为女人认为，一个肯为自己去死的男人是值得托付终身的。可实际上，这样的想法很可笑，现实生活中，谁没有了谁都能继续活下去，没有了谁地球都照样会转。

亚丽就曾碰到过一个宣称肯为自己去死的男人。那年亚丽才21岁。那个男人疯狂地追求亚丽，要亚丽成为他的女友。他对亚丽宣称，他爱亚丽，亚丽将是他一生的唯一，倘若亚丽不接受他，他将立即去死。

亚丽慌了，她为此害怕，甚至有些痛恨这个男人。为什么要以死相威胁？这样的追求怎能给她幸福？亚丽左思右想，明白这样的男人是极其自私的，他们在乎的只有自己的感受，从不会为对方着想。他所谓的爱，不过是他的一己私欲罢了。于是亚丽一次次勇敢而坚决地拒绝了他。

多年以后，亚丽在餐厅中偶遇了他。他已经结婚，看起来十分甜蜜，身边的妻子也是一脸幸福的样子，脸上带着浅浅的笑容，他的小女儿看样子也有4岁了，又活泼又可爱。亚丽心里暗自庆幸，庆幸自己当初的理智和坚决。

的确如此，那些发疯的男人们不过是在钻牛角尖，女人们需要坚定一些，这样你们才能有各自追求幸福的可能，多给彼此一些机会，为了他，也为了你。

当然，这个世界上也有很多为情而死的男人，那是他自己真的不想活了，谁也挡不了他的去路。试想，一个男人肯轻易地放弃生命，你选择他又有何安全可言，有何幸福可言？他视生命为儿戏，动不动便以死相要挟，甚至能够勇敢执行，谁知他不会为了什么鸡毛蒜皮的小事而放弃生命？真正需要留下来

承受痛苦的只有你，而不是那个"勇敢"死去的男人。

如果你是一个理智的女人，不要以为有男人肯真正为你去死是件幸福的事情，那样的他只是一个懦夫，他爱的不是你，只是他自己。

不爱一个人就不要接受一个人，很多人都明白这个道理，但往往女人的心软，常常把她们自己推入遗憾的深渊。

雪是一个温柔浪漫的女孩，她已经26岁了。一年前，有个男人疯狂地迷恋上了她，便采取了一切攻势来追求雪。那是一个不错的男人，温柔而诚恳，但雪面对他的时候，从来没有怦然心动的感觉，没有一点点爱的激情和渴望，反倒有许多亲人的感觉。

该不该接受他？他和雪的一些做事风格、做事方法及一些爱好都有不同，但是他们都能善良地对待他人，坦诚地对待彼此。可是在精神层面的要求却有差异。面对这样的选择，雪十分犹豫，但看着那个男人的执着和痴情，看着他为自己日渐消瘦的脸庞，雪心软了，答应了他的求婚。

雪以为时间会改变这一切，但是，在对待事物的理解差异上，雪一次又一次地感到孤单。

一年后，另一个男人走进了雪的视野，他令雪怦然心动，让雪第一次体会到了爱情的愉悦。他们是如此相像，他们理解事物的感觉又是如此相同。雪知道，这才是爱情，这个男人才是她的真正所爱。雪想努力挣脱一切，和所爱的人生活在一起。但当她和丈夫和盘托出时，她的丈夫没有愤怒，竟然安静地接受了现实，似乎早就料到这一天的到来，只请求雪不要离开他。

在这个可怜的男人面前，雪再次屈服了。

爱情就这样溜走了，留下来的雪必须要在无爱的婚姻里，面对漫长的人生历程，虽然她那么孤独。

女人们，有时候心软是一种不幸。就算他用真诚打动了你，这样得到的感情未免有点勉强。时间长了，当你的爱情真正来临时，你往往只能错过，余下的人生历程还长，没有爱情的取暖，你要怎样熬过去？

所以，女人们，对面男人哀求的目光，你要奉行一条行事准则：该放弃的一定要放弃，这并不是很难做到的事。

4. 不要一味迁就你的丈夫

男人喜欢温顺的女人，以满足他统治世界的潜意识。但是如果你对他一味百依百顺，他就会感到兴味索然，因为爱情需要异质精神力量的碰撞，一直百依百顺，你就会失去自己的独立个性；当你跟他完全步调一致的时候，他也就取消了你存在的合理性，既然你跟他完全一样，那么你的存在也就显得多余了，他可能会把目光转向别人。

所以，女人千万别一味迁就丈夫，男人该"修理"就得

"修理"。不要怕,吵嘴之后,两人的感情不是处在绝望之中,而是处在希望之中;不会将你的丈夫推得更远,而是把你与丈夫拉得更近。

有这样一对夫妻,他们结婚10年,感情笃深,三千多个日日夜夜从没有发生过一点点小摩擦。周围人皆羡慕地说:"天上不多,人间少有。"

确如人们所说,这位的妻子"贤惠"到了"登峰造极"的程度。丈夫让她向东,她决不朝西;丈夫让她站着,她决不挨椅边一下。

丈夫为此在人前多次沾沾自喜地说:"咱那老婆,嗨,一点没挑的。"

忽然有一天,丈夫突然烦恼起来,不去上班,连续数日在家蒙头大睡。妻子并不责怪,而是更加细心地照料他。丈夫睡足了以后,仿佛脱胎换骨。以前他从不沾烟酒,如今却是又抽又喝。妻子仍不见怪,反而买烟打酒,还特意做些下酒好菜。

丈夫愈加放纵,抽足喝好之后,便骂妻子,骂到激动处,还免不了拣妻子肉厚的地方打几下。这时,妻子却仍强装笑脸,百般呵护丈夫,决不追问自己挨打受骂之缘由。

面对这样的"贤"妻,丈夫仿佛失去了人性。这天,他终于写下一份《离婚协议》逼迫妻子签字。妻子强咽苦水,只有哀求,但丈夫却走火入魔,似乎不离婚就再也活不下去了。

此事惊动了双方父母及双方单位领导，大家惊诧之余，忙了解真情：莫非丈夫有了情人？谁也不相信；丈夫精神有了毛病？经精神病专家诊断一切正常；妻子对丈夫侍候不周，言语有差？连丈夫自己也否认；妻子有作风问题？向单位、朋友问了一圈下来，结论是根本不可能的事……

于是，"枪口"全部对准了丈夫，好言相劝，严词警告，单位拿出了行政手段；爹娘老子抡起了拳头擀面杖……办法想尽，手段使绝，却怎么也改变不了丈夫离婚的决心。

丈夫把离婚诉讼交到了法庭。开庭那天，妻子的"同盟军"全部上法庭，纷纷陈述其妻的好处，共责丈夫莫名其妙的"禽兽"之举。此情此景，连法官也大动衷肠，遂坚决为其妻撑腰，要求丈夫向媳妇赔礼道歉，回家好好过日子去……

丈夫正襟危坐，毫不动情："离婚，非离不可！"

多年温情，多日忍辱之苦，终于在其妻的心中变成了一股怒火，她怒吼一声，冲到"不仁不义"的丈夫面前，猛然抡臂——"啪"，一记响亮的耳光赏给了丈夫。"离！坚决离！我没法跟你过了！"

奇迹突然出现——挨骂挨打的丈夫笑逐颜开，竟当众抱住妻子来了个响吻。

"亲爱的，不离了，不离了！我永远也离不开你。走，咱们回家去。"

这个故事提醒我们，丈夫不是在"犯贱"，也不是"鬼迷心窍"，而是在追求一种家庭中应有的新趣味和激发妻子的个性。因为妻子带给他的生活太平淡了，平淡得就像一池死水。在这池死水中生活，任何人时间长了也会产生乏味厌倦之感。对这些观点，许多"贤惠"的妻子们肯定大不服气："我伺候他吃，侍奉他穿，逆来顺受，这臭男人还有什么乏味呀、单调呀、不满足的呀？"

这样的妻子应该去读读史书，过去许多"万岁"们身居皇宫，后宫妃嫔成群，山珍海味成堆，但却往往会青衣小帽溜出宫来，结识些村姑莽汉，品尝些粗茶淡饭。其中道理，其实就和你的那个"臭男人"差不多。许多妻子怕和丈夫吵嘴，一天到晚都让着丈夫，生怕自己做错事，也不敢说重话。照理说，这是一种很好的品德。可细细一想，如果夫妻之间一天到晚都是说着甜甜蜜蜜的话，这是否会让人觉得很腻？或者如果两口子一天到晚都把嘴巴闭得紧紧的，这是不是又会让人觉得沉闷？

总之，要想使你丈夫的感情与你更融洽、更和谐，千万别像这位妻子那样一味迁就丈夫，男人该"修理"就得"修理"。

5. 让距离为婚姻"保鲜"

手上的沙子握得越紧,它流失得越快,夫妻之间也是一样,要让彼此有一个自由的空间,那会使你的婚姻生活更加的完美。

男女恋爱时,好的跟一个人似的,一天几十个电话不说,饭一块吃,路一块走,书一块看,形影相随痴男怨女,爱得死去活来轰轰烈烈,让人感动至深。可是,结婚后,男人就像换了一个人似的,结婚前答应每周看一次电影,现在一个月看一次就不错了;答应下班和自己一块去逛商店的他,却和朋友喝酒到深夜,不催根本就不想回家;您精心准备了一天的晚饭,他回家吃上几口,心不在焉说几句"这个咸了,那个淡了,这个萝卜没洗干净,那个菜油太多了",吃完饭把碗一扔就去抽烟看球了。您总想跟他聊聊,谈谈他的工作,您的衣服,还有周末陪您回娘家的事,您刚说上两句他就直跟您嚷嚷。把自己搞得筋疲力尽,婚姻生活由浓浓的咖啡变成了毫无生气的白开水,您心里也在嘀咕:"他是否不再爱我了?他是否有别的女人了?"于是您盯得更紧了,嘘寒问暖事事操心,不过他好像更反感了。难道真应了那句话——婚姻是爱情的坟墓。

事实上,男人忙完一天工作,交际应酬迎来送去大多已经筋疲力尽了。回家好不容易想落个清静,彻底放松一下。这

时，如果你再黏住他，心情不好是想当然地了。同时，这爱情犹如橡皮筋，不能总是绷紧了不放松。爱情亦如人的大脑的神经系统，时间长了一定是要歇一歇的。年轻男人步入婚姻后，总想保持恋爱时的浪漫和甜蜜，又想衣食无忧无牵无挂。实不知柴米油盐酱醋茶，样样要操心，而他操心完家里的事情更要操心工作上的事。两人都要很疲惫，这时如果您再不分时机黏住他，后果可想而知了。况且，爱情不可能总是处于"巅峰"状态，夫妻的爱情是一种平平淡淡的感情，但是，这种感情并不排斥高潮的出现。这时，女人最好能与男人保持一段距离，适当分别一阵子会更好。

　　这时，与男人保持一段距离的好处在于：夫妻的短暂分离使爱情暂时处于一种相对平静的环境中，如人疲惫后歇歇脚一样，醒来了，精力更充沛。爱情打个盹儿后，在双方各自的心中会形成对爱人的一股悠悠思念，好像男女回到了恋爱那时候。因而，爱情的形成亦需要更新，若总是如新婚前后那样形影相随，如胶似漆黏在一块，早晚两人就会产生倦怠心理的。让爱情歇歇脚。尽管爱情是我们生活中的重要内容，但绝非唯一的内容。更多的时候，夫妻双方还承担更多的责任，要腾出精力来实施自己的义务。如照顾双方家里的二老，抚养后代都要有个计划。同时，还要承担对社会的一份责任，为社会做出自己应有的贡献。因为，爱情是维系于生活现实中的，解决了婚姻家庭中的许多实打实的生活问题，爱情才有所附着。总之，爱情是不能脱离生活的。

　　实际上，许多人都有过这样共同的体验——距离产生美。人若长期接触同一事物、同一工作，就会产生疲劳感，即使是一首很美妙的音乐、一幅很美的图画，如果您每天听、反复看，原先的美感也会逐渐消失。同样，如果婚姻生活每天重复着同样毫无变化的日子，两人天天黏在一块，彼此就会产生厌倦。所以，不要时刻黏在一块，适当地保持一段距离，对两人的感情历久弥新是很有补益的。

很多婚姻出现问题，甚至最终导致离婚，并不是因为第三者等外部因素，而是夫妻双方自身的问题。不少这样的女子，她们对丈夫一向奉行"高压和管理政策"，一方面她们不甘心平淡，希望丈夫成为人上人，于是想方设法、旁敲侧击地施压，给予男人很大压力。

张娣太爱自己的丈夫了，望夫成龙，同时还想牢牢地抓住丈夫。她为了支持丈夫的事业，放弃了自己的工作，使自己失去事业依托，而丈夫事业有成后，更是将人生所有的重心和希望都寄托于婚姻。然而因为过分地干涉彼此的空间，她越想抓牢婚姻就越是抓不牢，可以说正是这种心态导致了情感上的失败。

一般情况下，在丈夫真正成了气候之后，女人往往自己还在原地踏步，于是有了危机感，拼命想"抓紧"婚姻，比如干涉丈夫的生活，除了管生活小事，还要管他的钱包、查看他的短信，就连对方的工作都恨不得插一手，管来管去两个人感情越来越糟，可是她们往往意识不到自己有什么问题，反而觉得理所应当，她们认为自己为这个家、为对方付出了一切，当然应该享受这份婚姻，享受到丈夫更多的爱，更可怕的是因为对

自己缺乏信心,害怕失去对方便无休止地怀疑和猜忌。

可是,她们忘了,她们的爱已经成了一种沉重的枷锁,套在了男人的身上,对方已经感觉不到一丝爱的甜蜜。其实,女人看重婚姻本没有什么错,只是当你越想牢牢地掌控婚姻,拴住男人的时候,那婚姻却越容易出现危机,那男人反而会离你越来越远。

其实婚姻中的男女,应该是独立的个体,拥有自由的私人空间、拥有自己的朋友、自己的爱好、自己的事业。不想因过分依附于对方,而失去自我。在感性的爱情里也不要忘记留存一点理性的生活空间,不要试图去主宰什么,因为这世上没有任何一个人愿意成为他人的傀儡。有一个小故事很好地说明了这个道理:

一个女孩问她的母亲:"在婚姻里,我应该怎样把握爱情呢?"母亲没说什么,只是找来一把沙,递到女儿面前,女儿看见那捧沙在母亲的手里,没有一点流失,接着母亲开始用力将双手握紧,沙子纷纷从她指缝间泻落,握得越紧,落得越多,待母亲再把手张开,沙子已所剩无几。女孩看到这里,终于领悟地点点头。

婚姻的道理与此相似,要想让婚姻长久、美满、幸福,那就不要每天"盯着""看着""防着""握着",恰恰是别把婚姻"抓"得太紧!夫妻间有所保留,这不能视之为对爱情的不忠,这是一种夫妻相处的艺术。夫妻就像两只相互依靠彼此取暖的刺猬,远了,温暖不到对方;近了,会被对方身上的刺扎到。一次次冲突之后,慢慢调整距离。

某一天的早晨，孟先生在临出门之前，突然说，今天和朋友出游。以往，去哪里，孟太太不多过问，他也会随口告诉她。可这一次，孟先生招呼不打一声就宣布出门。她有些生气。出游这件事，一定是事先约的，至少前一天就约好了，他为什么不说一声？他还有多少事瞒她？孟太太心里不悦，拦着让孟先生说清楚。孟先生心里着急，嚷嚷了道："我的吃喝拉撒睡，是不是都得给你汇报？"然后摔门而去。

孟太太开始赌气，在接下来的好几天里，不管是晚回家、和朋友吃饭，还是去娘家，一概不告诉孟先生，也闭口不问他的一切事情。孟先生终于忍不住了，跟太太说："我现在才知道，你丝毫不在意我。是吗？"

"你不是说吃喝拉撒睡都不用向我汇报吗？"孟太太狡黠一笑。孟先生一愣，也笑了起来。此后，孟先生有事外出都会先说一声，让孟太太放心。

我们和朋友一起吃饭，大家点菜总是以合适为原则，宁可少一点欠着一点，但是感觉舒服，胃有空间心灵才有空间。同样，对待感情，夫妻之间的要求也是半饱为好，彼此都有空间才不会那样局促无奈。不过，空间的距离很好测量，心理的距离却难以把握。爱情的安全线，恰恰是看不见而摸不着的心理距离。有些时候，真的就是这样，夫妻双方因为爱而彼此走近，近得恨不得不分你我。于是走进婚姻，长相厮守。此后，彼此的距离慢慢地，在不知不觉中一点点拉开，亲密有间。

给彼此一些空间，不要以为走进了婚姻就是走进了坟墓，

夫妻双方都有自己的生活圈子，自己的爱好，偶尔出去放放风也未尝不可。这样不至于两个人天天拴在一起，熟悉的产生陌生感，无话可说。距离产生美，婚姻生活也需要距离来为它保鲜。

6. 走出感情的漩涡

每一个女人都有过恋爱，有恋爱就有可能失恋，而一个女人走向独立也往往就是在失恋的基础上，得到成长得到领悟。失恋的女人不要慌张，其实这是让你坚强，让你丰富的一个好机会，等岁月流逝，你会发现这只是一段情感历程。它让你懂得了生活中更多的东西，它们远远比失恋更重要，比失恋更让人珍惜，那就是踏踏实实完善自己，做一个真正快乐的女人，独立的女人。失去了一段恋情，但绝对不能因此而丧失对未来生活的判断，也绝对不能丧失对真情的期待和向往，绝对不能因为一个男人的"不选择"就对自己的美丽来一个全盘否定。

分析你们分手的原因，但一定要理智和客观。分析的时候不要一味把责任推到对方身上，即使是对方负了你，也并不是责任都在他。问问自己为什么没有早点下决心离开，为什么明知道他的错误却没有指出过，为什么在相爱的时候只知道包容对方所有的缺点。只有理智和客观地分析，你才能脱离失恋的阴影，知道自己下次恋爱应该怎样做。

虽然世上并没有清除失恋之痛的药，只有期待时间来抚平伤痛，但我们仍可用一些积极的行动来保持自信和尊严，减少自我伤害，继续往前走！如何早日抚平失恋的伤痛，走出感情的漩涡呢？以下便是几个具体的方法和建议：

（1）乐观地看待分手

分手之后不要沮丧，不要后悔，你该从另一方面去想，幸亏已经分手了，不然这个人还会伤害你，你不用再为这个根本不重视你的人难过，所谓长痛不如短痛，你还能站起来，重新开始。

（2）转移注意力

马上离开那个伤心的地方很容易，马上远离难过的心情就不容易了，这时候你需要的是转移注意力。报个班去上课，让自己的生活充实起来，没有时间再去沉浸过去；去旅行，短途或长途，国内或国外都无所谓，找个陌生的地方，好好地放松自己，说不定还会有新的爱情降临；去做志愿者，把你的伤心化作对别人或小动物的爱心，你会感觉到你的付出是有回报的，然后忘了那个对你根本不在意的男人。

（3）凝视前方不回首保持女人的尊严

你知道通常他会在哪里出现，所以你准时地出现在哪里，希望和他不期而遇……快别这么傻了，你要做的是尽量避开他会出现的地方。万一你遇到的不光是他，还有他跟他的女友时怎么办？不要让你的心再有任何期待了。

不要去找他、不要与他联络、不要再眷恋以往。向前看、向前走！

（4）倾诉

找你最好的朋友，把你的失恋、痛苦、失望全部说出来，别管对方能安慰你多少，能帮你多少，重要的是你要说出来。找父母、亲人，像小时候抱怨学校的同学老师一样的倾诉，他们的话绝对是治疗失恋最好的良药，然后听听他们的意见。实在不愿意告诉别人，就干脆写下来，不要在意文法、文笔，也不要在意以什么形式，总之就是用写来倾诉，然后把那张纸销毁，你会感到前所未有的轻松。

（5）要做出不在乎的样子

虽然不可能真正不在乎，但行动上这么说这么做就会影响到内心。可以这样想：他都不在乎了，我为什么要在乎？或是对付负心人的最佳办法就是让自己活得好好地。或是你要看我难过痛苦，我偏不让你称心如意。这些想法可帮助我们不掉入恶劣情绪的漩涡。

（6）记得清除他的痕迹

把会让你想起他的东西收起来，无论是你们俩的照片、他送你的东西、他用过的东西等等，别让那些物件唤起你的回忆。但是还不需要丢掉或烧掉，只要收到比较难找的地方就可以了。如此以避免睹物生情，免得惹自己伤心生气。也不要去你们以前常去的地方，以免触景伤情，让你情绪低落。

（7）多想对方的"不好"

把他的缺点写下来。他不体贴人，他爱和其他的女孩子搭腔、也爱迟到、他每次说打电话也没打……一项项列出来，越多越好。每次你想起他的时候，就别想他的好，只想他的"不好"。你会觉得失去了也并不可惜，收拾起思念怀旧的心情，完全抛去牵挂与不舍。

（8）可以适当地发泄情绪

别让悲痛、挫折感、愤怒一直堆积而啃噬我们的身心。要哭，洗澡时大声哭，可尽情地哭；要叫，找个无人之处用力嘶喊；要撕，关起门来大力撕个痛快。想倾诉，找知心好友好好谈一谈。但发泄时千万要注意对象，不要任意找人当倒霉鬼，对他乱发脾气、伤害无辜。找不到倾诉之人时，写日记也不错，把所有的感受都写下来，无论多么难受悲伤，把你心里一切的苦痛都描写下来，你将发现自己好过得多了。

美丽，可以有若干方式。如果一个女人在她失恋的时候也可以微笑着、美丽着、继续着，这种美丽才是永远的美丽。